국내외 빅데이터 산업분석보고서 2024개정판

저자 비피기술거래 비피제이기술거래

㈜ 비티타임즈

<제목 차례>

01

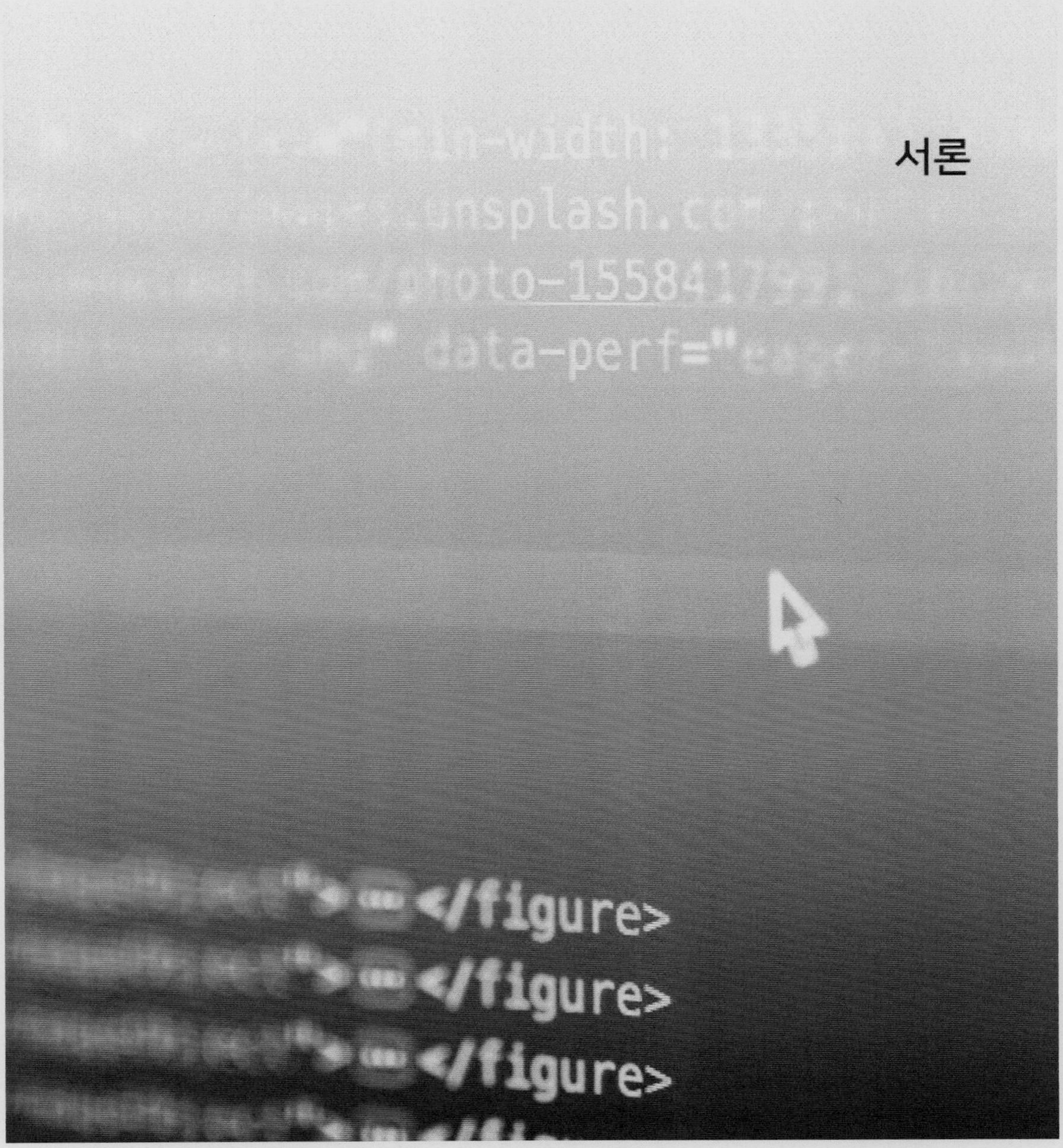
unsplash.com
photo-155841799
data-perf="
</figure>
</figure>
</figure>

서론

1. 서론

[1]

[그림 2] 빅데이터

IoT, 웨어러블 디바이스가 널리 사용되는 등 정보통신 분야가 유무선 통신 기술의 발전과 뛰어난 분석 기술에 기반을 둔 유비쿼터스 환경으로 빠르게 발전하고 있는 상황에서 무엇보다 주목해야 할 점은 다양하게 축적된 데이터의 활용 방안이다. 이러한 데이터 활용에 대한 관심이 증가되면서 ICT 환경의 비약적 발전과 지식정보사회의 도래에 따라 대규모 정보자원에 대한 관심이 폭발적으로 증가하고 있다.

ICT기술의 발전으로 데이터 축적이 급격히 이루어지면서 이를 활용하기 위한 각국 산업계 및 정부의 관심이 뜨겁다. 방대한 양의 데이터를 분석하여 가치있는 정보를 추출하고 경제적 가치를 창출하는 빅데이터는 4차 산업혁명의 핵심 기반 기술로서 산업 전반에 큰 파급효과를 불러올 것으로 예상된다. 또한 국내 외 많은 전문가들은 이러한 데이터를 수집·분석하여 미래를 예측하고 새로운 가치를 창출하는 빅데이터가 미래의 ICT 산업을 가장 선두에서 주도할 것으로 전망하고 있다.

빅데이터는 과거 "많은 양"의 데이터에서 더 나아가 대량의 데이터와 이를 분석하는 기술까지 포괄하는 개념으로 자리 잡았고, 이에 빅데이터와 예측 분석 솔루

1) 4차산업 핵심 '빅데이터'…미래 우리 삶은 어떻게 달라질까?, 데일리포스트

션을 이용하여 데이터의 가치를 최적화 하려는 움직임이 활발해지고 있다. 이미 세계 ICT 선도 기업들은 빅데이터 플랫폼을 데이터 분석에 통합시키려는 움직임을 보이는 등 빅데이터 도입을 점차 확대시키고 있다.

빅데이터는 공공, 금융, 제조, 의료 등 다양한 분야에서 과거에는 풀지 못했던 수많은 현안들을 해결하고 국가 경쟁력과 산업 생산성 향상을 이룰 것으로 전망되고 있다. 이러한 이유 때문에 미국, 유럽, 일본 등은 글로벌 경쟁력 강화를 위하여 앞다투어 빅데이터를 도입하고 국가차원의 예산을 투입하면서 미래 산업을 선점하기 위해 노력중이다.

국내 정부에서도 일찍이 데이터가 새로운 가능성과 혁신적 가치를 제공할 것을 확신하고 국내 빅데이터 산업 발전 전략을 수립하여 국내 빅데이터 시장 창출 및 확대, 기술 개발 및 경쟁력 강화, 전문 기업 및 인력 양성, 글로벌 시장 진출 등 지속발전 가능한 생태계 조성에 주력하고 있다. 최근 국내에서도 데이터 3법, 마이데이터 3법 등 데이터를 활용하기 위한 다양한 정책이 제정되고 있으며 금융, 헬스케어, 제조, 통신, 광고, 교육, 건설에 이르기까지 다양한 산업 분야에서 빅데이터가 활용되고 있다.

본 보고서는 국내외 빅데이터 산업을 알아보기 위해 시장 규모를 비롯한 기초 통계 데이터를 확보하고 전 세계 시장과 국내 빅데이터 시장의 특성을 분석하고자 한다.

02

빅데이터 산업 개요

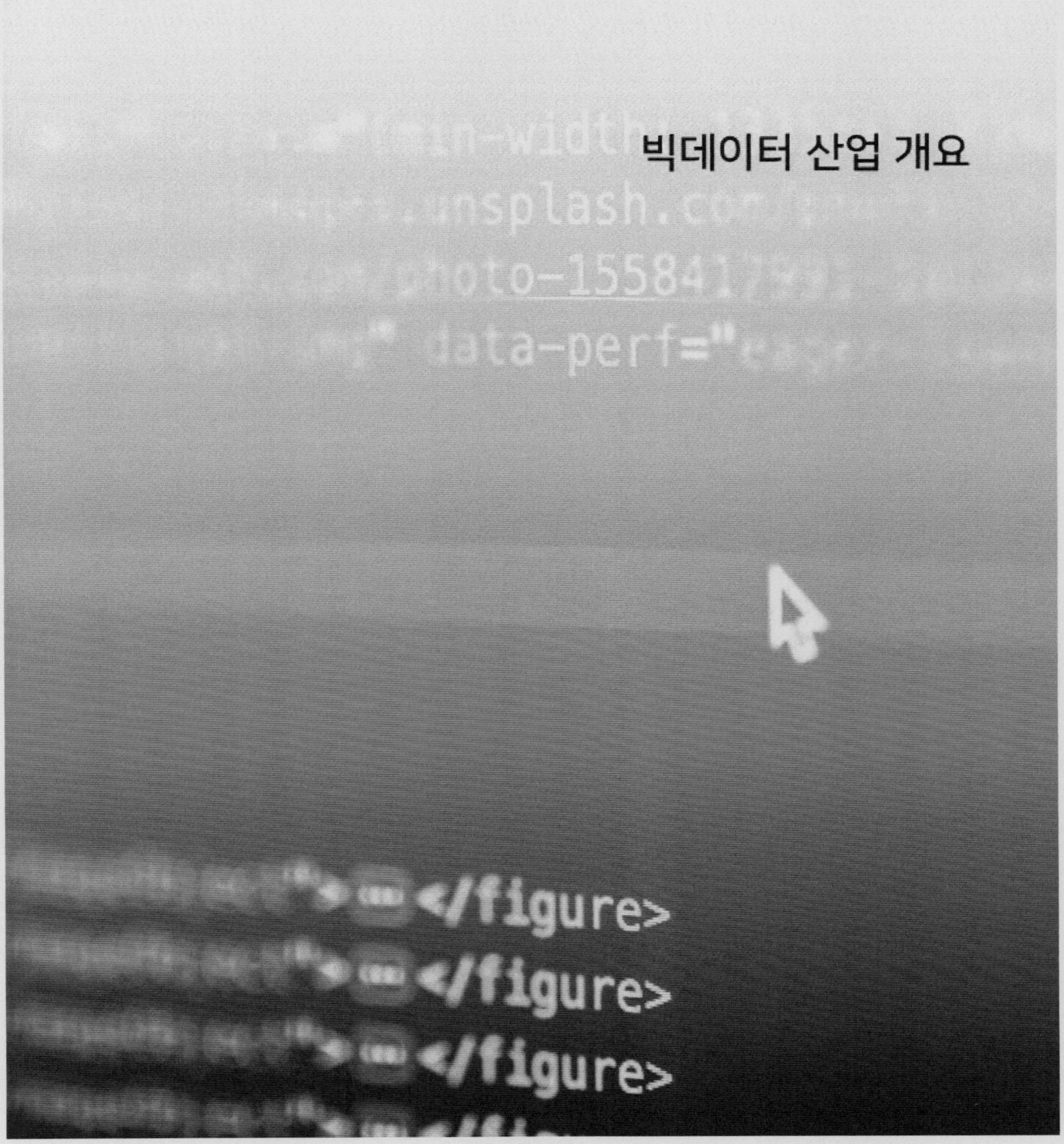

2. 빅데이터 산업 개요

가. 빅데이터의 개념

기관	정의
국가정보화전략위원회	대량으로 수집한 데이터를 활용·분석하여 가치 있는 정보를 추출하고 생성된 지식을 바탕으로 능동적으로 대응하거나 변화를 예측하기 위한 정보화 기술
삼성경제연구소	기존의 관리 및 분석 체계로는 감당할 수 없을 정도의 거대한 데이터의 집합을 지칭하며, 대규모 데이터와 관계된 기술 및 도구(수집·저장·검색·공유·분석·시각화 등)도 빅데이터의 범주에 포함됨
맥킨지	일반적인 데이터베이스 체계가 저장, 관리, 분석할 수 있는 범위를 초과하는 규모의 데이터
IDC(2011)	다양한 종류의 대규모 데이터로부터 저렴한 비용으로 가치를 추출하고 데이터의 초고속 수집, 발굴, 분석을 지원하도록 고안된 차세대 기술

[표 1] 주요 기관별 빅데이터 정의

빅 데이터는 어떻게 정의할 수 있을까? <SERI>에 의하면 빅데이터란 “기존의 관리 및 분석 체계로는 감당할 수 없을 정도의 거대한 데이터의 집합”을 지칭한다. 위키피디아(Wikipedia)에 따르면 빅데이터를 “기존 방식으로 저장/관리/분석하기 어려울 정도의 큰 규모의 자료”라고 정의하고 있다.

또한 세계적인 컨설팅 기관인 <McKinsey & Company>는 2011년에 발간한 보고서 “Big Data : The Next Frontier for Innovation, Competition, and Productivity”에서 “빅데이터의 정의는 기존 데이터베이스 관리 도구의 데이터 수집, 저장, 관리, 분석하는 역량을 넘어서는 데이터셋(Dataset) 규모로, 그 정의는 주관적이며 앞으로도 계속 변화될 것이며, 데이터량 기준에 대해 산업 분야에 따라 상대적이며 현재 기준에서는 몇 십 테라바이트에서 수 페타바이트까지가 그 범위이다”라고 설명한다.

국내 국가정보화전략위원회에 따르면 “대용량 데이터를 활용/분석하여 가치 있는 정보를 추출하고, 생성된 지식을 바탕으로 능동적으로 대응하거나 변화를 예측하기 위한 정보화 기술"이라고 정의하기도 한다.이처럼 빅데이터를 바라보는 다양한 시선에 따라 정의가 달라질 수 있으나, 결론적으로 넓은 의미의 빅데이터는 말 그대로 막대한 양의 데이터이며, 데이터 규모뿐 아니라 이질적 데이터를 결합하여 가치 있는 정보를 추출하고 그 정보의 활용까지 포괄하는 과정으로 정의할 수 있을 것이다. 또한 근래에는 특정 규모(big volume) 이상을 빅데이터로 칭하기보다는 원하는 가치(big value)를 얻을 수 있는 정도를 의미하는 상대적인 해석도 가능하다.

빅데이터에는 잠재적 가치와 잠재적 위험이 공존하며, 사회경제적으로는 승패를 좌우하는 핵심 원천이 될 것으로 평가되고 있다. <Tyler Bell>의 보고서에 따르면 빅데이터를 사회 경제적인 의미로 구분하고 있다.

구분	주요내용
천연자원 (Natural Resources)	• 데이터에 내포된 가치와 가능성에 대해 주목 • 사회적으로 현안과 위험을 해결할 수 있는 잠재력에 기대 • 새로운 경제적 가치의 원천으로 활용
새로운 재난 (Natural Disasters)	• 정보의 범람으로 기회를 파악하기가 모호해지고, 규정준수가 어려움 • 늘어나는 데이터로 인해 현 상태를 유지하는데 IT 예산이 사용되어 혁신을 위한 새로운 동력에 투자가 어려워짐 • 데이터의 처리의 낮은 응답속도가 기업의 생산성 저하로 이어질 우려가 있음
산업적 도구 (Industrial Devices)	• 데이터의 효율적인 관리와 분석을 통해 기업의 경쟁 우위 확보 • 데이터를 신속하게 처리해 실시간 의사결정을 지원 • 데이터 분석 역량이 기업의 경쟁력을 좌우

[표 2] 빅데이터의 사회경제적 의미

2)

2) Tyler Bell, "Big Data : As opportunity in search of a metaphor", 한국정보화진흥원

나. 빅데이터 구성 요소

빅데이터의 구성요소는 각 기관에 따라 3~4가지의 요소로 구분하고 있으나, 이들을 종합해보면 빅데이터는 규모, 다양성, 복잡성, 속도의 특성을 갖고 있으며 4개의 요소가 충족될수록 빅데이터에 적합하다고 볼 수 있다.

3V에 해당하는 규모(Volume), 다양성(Variety), 속도(Velocity)와 복잡성(Complexity)가 더해져 4가지 구성요소로 이루어지는데 가장 주목해볼만한 부분은 실시간 성(Velocity)이다.

데이터를 생성하거나 수집 및 통합하고 분석하고 활용하는 모든 단계에 있어서 속도가 중요하다. 궁극적으로 빅데이터에서는 분석 결과를 실시간으로 활용하는 것을 추구하며, 이것이야말로 과거의 유사한 기술 트렌드와 빅데이터를 구별하는 가장 큰 특징이라 할 수 있다.

구분	주요내용
규모 (Volume)	• 기술적인 발전과 IT의 일상화가 진행되면서 해마다 디지털 정보량이 기하급수적으로 폭증 → 제타바이트(ZB)의 시대로 진입
다양성 (Variety)	• 로그기록, 소셜, 위치, 소비, 현실데이터 등 데이터 종류의 증가 • 텍스트 이외의 멀티미디어 등 비정형화된 데이터 유형의 다양화
복잡성 (Complexity)	• 구조화되지 않은 데이터, 데이터 저장방식의 차이, 중복성 문제 등 • 데이터 종류의 확대, 외부 데이터의 활용으로 관리대상의 증가 • 데이터 관리 및 처리의 복잡성이 심화되고 새로운 기법 요구
속도 (Velocity)	• 사물정보(센서, 모니터링), 스트리밍 정보 등 실시간성 정보 증가 • 실시간성으로 인한 데이터 생성, 이동 속도의 증가 • 대규모 데이터 처리 및 가치있는 실시간 활용을 위해 데이터 처리 및 분석 속도가 중요

[3]

[표 3] 빅데이터의 4가지 구성요소

다. 빅데이터 산업의 특징

빅데이터는 크게 4가지의 특성을 가진다. 빅데이터의 정의에서도 여러 번 언급했던 것처럼 첫 번째 특성은 크기(Huge Seal)다. 빅데이터에서의 크기는 규모 면에서 기존의 방식으로 처리할 수 없을 만큼의 거대한 크기를 가지고 있는 것을 뜻한다.

두 번째 특성은 현실성(Reality)으로, 사회일상에서 축적되는 데이터의 기록물은 상상할 수 없을 만큼 급증하고 있으며, 여기에는 개인의 경험이나 인식, 선호 등의 인지적인 정보의 유통까지 증가하고 있다. 또한 과거, 현재, 미래의 모든 시간 흐름상의 추세분석이 가능한 시계열성(Trend)의 특성도 가지고 있으며, 기존의 데이터에서 진보한 빅데이터의 특성인 결합성(Combination)을 바탕으로 실생활의 적용이 빠르게 확산될 수 있을 것으로 보인다.

빅데이터의 특성	효과
대규모 (Huge Seale)	• 기술 발전으로 데이터를 수집, 저장, 처리 능력 향상 • 현실세계 데이터를 기반으로 한 정교한 패턴분석 가능 • 데이터가 많을수록 유용한 데이터, 전혀 새로운 패턴의 정보를 찾아낼 수 있는 확률도 증가
현실성 (Reality)	• 우리사회 일상에서의 데이터 기록물의 증가 등 현실정보, 실시간 정보의 축적이 급증될 전망 • 개인의 경험, 인식, 선호 등 인지적인 정보 유통 증가
시계열성 (Trend)	• 현시점 뿐만 아니라 과거 데이터의 유지로 시계열적인 연속성을 갖는 데이터의 구성 • 과거, 현재, 미래 등 시간 흐름상의 추세 분석 가능
결합성 (Combination)	• 의료, 범죄, 환경, 안보 등 타분야, 이종 데이터간의 결합으로 새로운 의미의 정보 발전 • 실제 물리적인 결합 이전에 데이터의 결합을 통한 사전 시뮬레이션, 안정성 검증 분야 발전 가능

4)

[표 4] 빅데이터의 특성과 효과

3) 한국정보화진흥원
4) Chris Anderson , "The End of Theory: The Data Deluge Makes the Scientific Method Obsolete ", WIRED MAGAZINE : 16.07, 한국정보화진흥원

03

빅데이터 관련 기술

3. 빅데이터 관련 기술[5)]

가. 데이터 생산 및 수집 기술

1) 데이터 생산

가) 데이터 입력 방식

데이터를 입력해 생산하는 방식에는 조직 내에서 자체적으로 개발한 업무용 애플리케이션을 통해 생산되는 정형 데이터를 이용하는 방식과 SNS나 블로그 등과 같이 개인이 생산하는 비정형 데이터를 이용하는 방식이 있다.

조직 내에서 데이터가 생산되는 환경에서는 데이터 생산 시점부터 완료 시점까지 정합성 보장을 위한 트랜잭션 관리가 매우 중요하다. 만약 특정 사용자의 정보를 수정할 경우, 수정이 완료되기 전까지는 과거 정보로 일관되게 표현돼야 한다. 이후 이 작업이 완료된 것이 확정된 때부터 새로운 정보로 나타나야 하는 것이 원칙이다.

데이터는 업무 목적에 맞게 사용되도록 일관되고 표준화돼야 하므로 데이터는 정형화한 형태를 띠게 된다. 이런 성격 때문에 정형화한 구조의 데이터를 관리할 수 있고 락(Lock 또는 Enqueue)과 같은 오브젝트로 트랜잭션을 보장해주는 관계형 DB가 데이터 생산에 중요한 기술로 쓰였다.

SNS나 블로그 같은 웹을 통해 개인이 생산하는 데이터는 조직 내 데이터와 달리 제약 없이 자유로운 형태를 띠고 있다. 이러한 불특정 개인이 웹을 통해 생산하는 데이터는 여기저기 분산돼 있으므로 생산보다는 수집이라는 관점에서 다루어야 한다.

나) 데이터 자동 생산 방식

사물인터넷(Internet of things, IoT) 기술이 확산되면서 데이터 생산 방식이 다양화되고 있으며, 센서·로그 데이터·SNS가 제공하는 스트리밍 데이터 등 생산되는

5) 데이터산업백서

데이터의 저장 및 관리 기술이 점점 더 중요해지고 있다.

최근 IoT 플랫폼은 서비스를 구성하는 데 필요한 공통 요구 기능을 포함하고 있으며, 개별 사물과 서비스에서 독립적으로 동작할 수 있다. 이 플랫폼은 서버나 클라우드 형태로 제공될 수 있으며, Pub/Sub, Topic 방식의 메시지 송수신 기능을 제공하는 IoT 어댑터 등을 제공해 디바이스에 직접 위치할 수도 있다.

IoT 플랫폼 기술은 초기에는 센서·액츄에이터(Actuator)·데이터 중심의 특징을 기반으로 수백만 개의 인터넷 기반 서비스 도메인 수준의 규모를 지원했으나, 점차 데이터·프로세스·지능 중심으로 바뀌어 수백억 개 이상의 글로벌 규모로 발전하고 있다. 이러한 IoT 플랫폼에 대한 표준은 IoT 글로벌 협의체를 바탕으로 개방형으로 운영 중이다.

다) 데이터 저장

IoT 기반의 미래형 서비스에 적합한 기술을 구현하기 위해서는 데이터를 저장하는 요건들이 필요하다. IoT 데이터 저장을 위해 고성능 대용량 데이터 처리가 가능한 오픈소스 RDBMS를 제공해야 하며, LBS(Location Based Service) 데이터 저장을 위해서는 국제표준(ISO)을 따르는 지리(위치) 정보 처리 및 관리 기능을 위한 오픈소스 GIS-DBMS를 제공해야 한다. 또한 방대한 데이터를 처리하기 위한 스트리밍 프로세스(Streaming process)와 분산 처리를 위한 오픈소스 하둡(Hadoop) 플랫폼을 제공해야 한다.

새로운 데이터 보안 위협에 대응하기 위한 국가 표준 알고리즘(ARIA-128/256)의 적용 및 엄격한 키 관리를 통한 데이터 암호화 기능과 사용자, 애플리케이션, IP 등의 조건에 따른 데이터 접근 제어/관리 기능을 제공해야 한다.

마지막으로 실시간 데이터 흐름 및 시스템 상태 모니터링을 위한 통합 관제 기술을 제공함으로써 안정적인 데이터 저장을 유도할 수 있다.

(1) 하둡(Hadoop)

하둡은 대규모 데이터를 효율적으로 처리하는 데 사용할 수 있는 오픈 소스 소프트웨어 프로젝트로 하나의 대형 컴퓨터를 사용하여 데이터를 처리 및 저장하는 대신 하둡을 사용하면 대량의 데이터를 병렬로 분석할 수 있다.

그렇다면 왜, 빅데이터 기술 중 하나로 하둡을 꼽을 수 있는 것일까?

데이터가 많아지면 그만큼 데이터를 처리할 컴퓨터의 성능 또한 증가해야 한다. 많은 양의 데이터를 이용해야하는 빅데이터는, 우리가 상상할 수 없을 만큼 고가의 슈퍼컴퓨터를 사용한다해도 언젠가는 속도의 장벽에 부딪히게 될 것이다.

하둡은 바로 이러한 문제를 해결할 수 있는 방법으로 떠오르는 것으로, '분산처리'라는 기술을 통해 많은 양의 ㄷ이터를 저장하고 처리할 수 있다. 일부에서는 슈퍼컴퓨터 보다 더욱 좋은 성능을 내기도 했다.

하둡의 또다른 장점 중 하나는 많은 양의 데이터를 처리하는것에 그치지 않고, 데이터를 분산처리하는 수를 늘리거나 줄임으로써 저렴한 비용으로 어떠한 기업이든 원하는 크기의 저장소를 구현할 수 있다는 것이다.

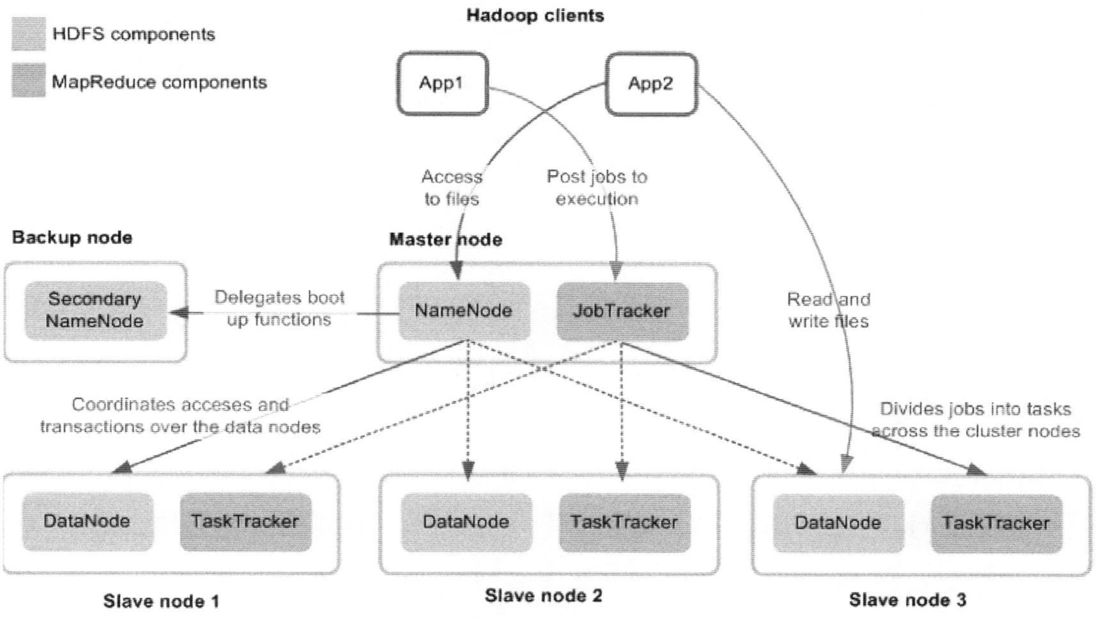

[그림 5] 하둡

하둡은 몇가지 프레임워크로 이루어져 있다. 그 중에서 가장 핵심적인 기능을 하는 맵리듀스(MapReduce)와 분산형 파일 시스템(HDFS)에 대해서 알아보도록 하자.

먼저, 맵리듀스에 대해서 살펴보도록 하자.

맵리듀스에서 '맵'은 지도가 아니라 데이터를 담아두는 구조라고 할 수 있다. 맵은 아래와 같이 키(Key)와 값(Value)를 쌍으로 가지고 있다. 이러한 구조에서는 키값을 이용하여 값을 찾는 연산들이 이뤄진다. 만약 킷값으로 Apple이 들어온다면, 출력값은 1이 될 것이고, Banana가 킷값으로 들어온다면 출력값이 2가 될 것이다.

Key	Values
Apple	1
Banana	2
Watermelon	3
Peach	4
Orange	5

[표 5] 맵의 구조

리듀스는 이러한 맵을 줄여가는 방법이라고 할 수 있다. 그 방법에는 키를 기준으로 같은 키를 가진 개수를 세거나, 같은 키를 기준으로 모든 값을 더하거나, 평균을 내는 방법들이 있다.

그렇다면 지금부터는 간단한 예를 통해 맵리듀스를 살펴보도록 하자.

맵리듀스의 예제로 가장 많이 등장하는 것은 '단어 수 세기'라고 할 수 있다. 만약에 여러 단어로 이루어진 문장에서 각각의 단어수를 세어야 한다고 생각해보자. 가장 간단한 방법은 처음부터 읽어가며 단어수를 세는 방법일 것이다. 하지만, 만약 문장의 길이가 엄청나게 길어진다면, 소요되는 시간 또한 상상할 수 없을 정도로 길어질 것이다. 이러한 상황에서 우리는 '나누어' 단어수를 세어보자는 생각을 할 수 있을 것이다. 만약, 문장을 3개로 나누어 세어본다고 생각해보자. 가장 먼저 할 일은 문장을 3개로 나눈 후 각 문장에 들어있는 단어수를 세는 것이다.

그렇다면 나누어진 문장에서 단어를 모두 센 다음에는 무엇을 해야할까? 그 다음으로 해야 할 일들은 같은 단어를 모으는 일이 될 것이다. 첫 번째 문장에서 "Apple"이라는 단어가 3번 등장하고 "Princess"라는 단어가 1번 등장했고, 두 번째 문장에서는 "Princess"가 3번, "Snow"가 2번, 세 번째 문장에서는 "Apple"이 1번, "Prince"가 1번 등장했다고 가정해보자.

1번째 문서
"Apple", 3
"Princess", 1

2번째 문서
"Princess", 3
"Snow", 2

3번째 문서
"Apple", 1
"Prince", 1

[표 6] 맵리듀스 예제

여기에서 같은 단어끼리 모아보면, ("Apple", 3)과 ("Apple", 1)을 하나로 묶을 수 있고, ("Princess", 1)과 ("Princess", 3)을 하나로, ("Snow", 2)와 ("Prince", 1)은 각각 따로 둘 수 있다.

다음으로 해야 할 일은, 하나로 묶은 단어의 개수를 더하는 것이다. 그 결과, 주어진 문장에 들어있는 단어의 수는, "Apple"이 4개, "Princess"가 4개, "Snow"가 2개, "Prince"가 1개라고 할 수 있다.

이러한 작업은 데이터가 커질수록 중요해지는데, 빅데이터에서는 이러한 처리를 맵리듀스가 돕는다. 맵리듀스는 크게 맵단계와 리듀스 단계로 나눌 수 있는데, 먼저 맵 단계에서는 흩어져 있는 데이터를 앞서 살펴본 구조로 변환하고, 리듀스 단계에서는 맵단계에서 생성된 구조의 킷값을 통해 필터링을 하거나 정렬을 수행한다.

다음으로 분산형 파일시스템을 살펴보도록 하자.

하둡의 부사장인 아룬 머시는 하둡에서는 하둡 네트워크에 연결된 어떠한 기기에도 데이터를 저장할 수 있다고 표현한다. 분산형 파일시스템은 기존의 분산처리

시스템과 여러개의 기계가 데이터를 함께 처리한다는 점에서는 같지만 MPI(Message Passing Interface)를 사용하는 기존의 분산처리시스템은 일부 기계가 고장나는 경우 시스템이 작동하지 않고 복잡하다는 문제를 해결하기 위해 분산형 파일시스템을 사용한다는 점에서 차이가 발생한다.

하둡의 분산형 파일시스템은 같은 데이터를 분산으로 처리하지만, 데이터 유실을 방지하기 위해 3개의 복사본을 나누어 저장한다. 따라서 만약 한 기계에서 고장이 발생하거나 느려져도 언제든 데이터에 빠르게 접근할 수 있다는 장점이 있다.

(2) NoSQL

NoSQL은 1998년 카를로 스트로찌(Carlo Strozzi)라는 엔지니어가 공개한 표준 SQL 인터페이스를 채용하지 않은 자신의 경량 Open Source 관계형 데이터베이스를 NoSQL이라고 명명한데서 유래했다.

이후 2009년에는 요한 오스칼손(Johan Oskarsson)이라는 엔지니어가 Open Source기반의 분산 데이터베이스 관련 행사를 준비하면서 NoSQL이라는 용어를 사용했다. NoSQL은 특정 데이터에 대해 특정 목적에 맞추어 구축되는 데이터베이스로, 다양한 데이터를 다루는 현대의 어플리케이션에 걸맞는 유연함을 제공한다. 따라서 NoSQL 데이터베이스는 개발에 용이하고, 기능성과 확장성을 널리 인정받고 있다. NoSQL은 문서, 그래프 등 다양한 데이터에 접근하고 관리하기 위해 다양한 데이터 모델을 사용한다. NoSQL은 유연성, 확장성, 고성능, 고기능성을 제공한다.

① 유연성

NoSQL 데이터베이스는 일반적으로 유연한 스키마를 제공하여 보다 빠르고 반복적인 개발을 가능하게 해준다. 이같은 유연한 데이터 모델은 NoSQL 데이터베이스를 반정형 및 비정형 데이터에 이상적으로 만들어 준다.

② 확장성

NoSQL 데이터베이스는 일반적으로 고가의 강력한 서버를 추가하는 대신 분산형 하드웨어 클러스터를 이용해 확장하도록 설계되었다. 일부 클라우드 제공자들은 완전관리형 서비스로서 이런 운영 작업을 보이지 않게 처리한다.

③ 고성능

NoSQL 데이터베이스는 특정 데이터 모델(문서, 키 값, 그래프 등) 및 액세스 패턴에 대해 최적화되어 관계형 데이터베이스를 통해 유사한 기능을 충족하려 할 때보다 뛰어난 성능을 얻게 해준다.

④ 고기능성

NoSQL 데이터베이스는 각 데이터 모델에 맞추어 특별히 구축된 뛰어난 기능의 API와 데이터 유형을 제공한다.

NoSQL를 저장되는 데이터의 구조에 따라 나누면 다음과 같다.

① Key Value DB

Key와 Value의 쌍으로 데이터가 저장되는 가장 단순한 형태의 솔루션으로 Amazon의 Dynamo Paper에서 유래되었다. Riak, Vodemort, Tokyo 등의 제품이 많이 알려져 있다.

② Wide Columnar Store

Big Table DB라고도 하며, Google의 BigTable Paper에서 유래되었다. Key Value 에서 발전된 형태의 Column Family 데이터 모델을 사용하고 있고, HBase, Cassandra, ScyllaDB 등이 이에 해당한다.

③ Document DB

Lotus Notes에서 유래되었으며, JSON, XML과 같은 Collection 데이터 모델 구조를 채택하고 있다. MongoDB, CoughDB가 이 종류에 해당한다.

④ Graph DB

Euler & Graph Theory에서 유래한 DB로, Nodes, Relationship, Key-Value 데이터 모델을 채용하고 있다. Neo4J, OreientDB 등의 제품이 있다.

다양한 NoSQL제품들 중 현재 가장 인기있는 제품들은 MongoDB(Document), HBase(Wide Columnar Store), Cassandra(Wide Columnar Store)를 들 수 있다.

HBase는 하둡 분산 파일 시스템(HDFS)에서 동작하는 Key-Value 구조 분산 데이터 베이스로, Google의 Bigtable을 참고해서 JAVA로 개발 되었다. Cassandra는 Amazon의 Dynamo의 특징인 Hash 알고리즘을 이용한 "masterless" 아키텍처로 모든 노드가 coordinator 노드와 replica 노드가 될 수 있다. 현재 가장 인기가 많은 NoSQL인 MongoDB는 10gen(현,MongoDB inc)이 개발한 document-oriented database로 JSON의 2진 버전인 BSON을 사용하여, C++로 개발되었다.

2) 데이터 수집

가) EAI/ESB: 파일, DB, 웹 서비스에서 데이터 수집

EAI(Enterprise Application Integration)는 기업 내외부의 서로 다른 시스템을 통합하기 위해 사용하는 기법으로, 개별 애플리케이션을 에이전트를 이용해 중앙 허브와 연결하고 중앙 허브를 통해 상호 데이터를 수집한다.

기업 내외부의 데이터 수집은 시스템 통합 차원에서 중요한 의미를 지니고 있다. 즉, 엔터프라이즈 기업의 여러 시스템에 흩어져 있는 정보들은 기업 내 의사결정 시 신속하게 공유돼 합리적인 방안을 수립하는데 중요한 요소로 작용한다. EAI 기술은 이를 효율적으로 구현하기 위한 많은 노하우가 축적돼 있다.

EAI 기술은 TCP/IP 기반 소켓프로그래밍에서 출발해 다양한 인프라 및 리소스에서 데이터를 수집하는 기능, 데이터 매핑 및 변환, 콘텐츠 기반 서비스 라우팅, 무중단 서비스, 보안 등 비즈니즈 파트너와의 원활한 협업 시스템을 구축하기 위해 필요한 기능을 필수적으로 제공한다.

EAI 영역에서 취급하는 리소스 형태는 데이터베이스, 파일, 애플리케이션, TCP 서비스, 웹서비스 등 그 종류가 다양하다. 인터페이스 아키텍처는 과거의 피어 투 피어(Peer to Peer) 방식을 지양하고, 허브 앤 스포크(Hub & Spoke) 방식, 버스 방식 등 구성 방안의 다양성을 제공해 고객 맞춤형 연계 시스템을 구축할 수 있는 장점이 부각되고 있다. 특히, 애플리케이션 시스템에 제공되는 에이전트는 인터페이스 데이터에 대한 수집부터 수신 시스템 내 적재까지 모든 업무를 대행함으로써 개발이 편리하고 연계 시스템 구축이 수월하다는 장점을 지니고 있다.

이처럼 EAI는 데이터웨어하우스(DW)나 전사적자원관리(ERP) 등 기업에서 운영하는 서로 다른 애플리케이션을 네트워크 프로토콜이나 DB, 운용체제(OS)에 관계없이 비즈니스 프로세스 차원에서 통합하는 것을 말한다. 이를 통해 기업 내 상호 연관된 모든 애플리케이션을 유기적으로 연동해 필요한 정보를 중앙 집중적으로 통합관리할 수 있는 환경을 구현하는 기술이다.

ESB(Enterprise Service Bus)는 애플리케이션 서비스들을 컴포넌트화된 논리적 집합으로 묶는 핵심 미들웨어이며, 비즈니스 프로세스 환경에 맞게 설계 및 전개할 수 있는 아키텍처를 제공한다.

ESB는 기본적인 메시징, EAI, 중개(라우팅) 기술을 사용하거나 J2EE 시스템의 서비스 통합 버스와 같은 플랫폼 내의 구성요소를 사용하는 등 다양한 방법으로 구현될 수 있다. ESB는 EAI와 애플리케이션 서버 기술을 함께 조합해 구현할 수 있지만 이러한 구현 방식이 전반적인 아키텍처에 영향을 미치지 않아야 한다. ESB는 전사 컴퓨팅 인프라스트럭처에 공통으로 분산돼 있는 여러 서비스, 애플리케이션, 다양한 데이터 등을 연결하는 지능형, 분산형, 트랜잭션형, 메시징 레이어로 작용한다.

또한 지능형 전송 기능과 라우팅 기능으로 동기 및 비동기 메시징 백본을 형성해 메시지를 신뢰성 있게 전달한다. ESB는 개발자가 WSDL(Web Service Description Language) 기반 표준 인터페이스에 의해 정의한 서비스, 즉 컴포넌트화된 비즈니스 기능을 API 또는 프로토콜에 관계없이 사용 및 호출하는 것을 가능하게 한다.

WSDL은 추상화된 서비스 인터페이스 정의 부분, 재사용 가능한 프로토콜 바인딩 부분 그리고 서비스를 제공하는 종단점(endpoint)으로 나뉘어 있다. 이것은 본질적으로 확장이 가능하며 필요에 따라 다양한 프로토콜을 동일한 서비스에 연결할 수 있도록 포트 및 바인딩을 위한 확장 요소를 제공한다.

ESB는 웹서비스 관련 표준기술을 지원하는 웹서비스 어댑터를 지원해 외부 시스템의 데이터 수집 요청에 대해 표준 웹서비스 방식의 수신 기능을 제공하는 특징을 지니고 있다. 필요 시 타 기관 또는 응용시스템의 웹서비스를 호출하기 위해 위저드 기반 클라이언트 스텁(stub)을 생성하는 기능을 제공한다.

또한 오픈 API 서비스를 위한 Restful 방식의 API 서비스 처리 기능을 지원해 외부의 API 서비스 호출에 대해 표준 REST(REpresentational State Transfer) 방식의 서비스를 제공한다. 하지만 표준 REST 방식에서 제공되지 않는 인증·보안, 유량 제어 등 API 서비스를 위한 기능이 추가로 제공돼야 한다. 이처럼 ESB는 기업 및 기관의 서비스지향 분산 컴퓨팅 기술의 일종으로 기존의 분산 컴퓨팅 기술인 CORBA(Common Object Request Broker Architecture), DCOM(Distributed Component Object Model), RMI(Remote Method

Invocation) 등을 기초로 한 '분산 오브젝트' 환경의 웹 서비스와의 연계를 통한 데이터 수집에서 구현이 용이하고 체계적으로 관리할 수 있다.

웹 서비스는 SOAP(Simple Object Access Protocol), WSDL(Web Service Description Language), UDDI(Universal Description, Discovery and Integration)와 같은 공개 표준을 정해 이를 근간으로 하여 상호작용이 이루어진다. 그러므로 웹 서비스를 지원하는 응용 프로그램은 상호 작동에 문제가 없고 플랫폼과 언어에 독립적이며, HTTP와 같은 웹 프로토콜을 사용하므로 방화벽과 같은 장애에도 문제가 없어 응용 프로그램에 대한 접근이 용이하다.

나) API 플랫폼

Open API(Open Application Programming Interface, 오픈 API)는 데이터 소유 주체가 웹 개발자나 사용자를 위해 정보/데이터를 정해진 방식으로 공개하는 기술을 뜻한다. HTTP 프로토콜 기반의 웹 서비스로서 제공 기술은 SOAP 기반의 웹 서비스와 REST 기반의 웹 서비스로 구분된다. 다만 개방형 기술의 보안 이슈를 해결하기 위한 인증, 보안, 접근제어, 정책관리 등의 개발 소요가 발생할 수 있으므로 도입 전 해당 기능의 필요성과 구축비용을 면밀히 검토할 필요가 있다.

최근 코로나19로 사회 전반에서 많은 변화가 일어나고 있다. 지난 3월 맥킨지는 'Next Normal'이라는 표현을 쓰며 코로나19로 사회 전반에 큰 변화가 생길 것으로 예상했다. 실제로 세계 금융권에서는 비대면 수요가 급증하고 있으며, 핀테크 기업에 대한 수요가 증가하고 있다. 국내 금융권도 오픈 API를 활용한 다양한 비대면 서비스를 선보이고 있다.

'Next Normal' 트렌드에 따라 기업 및 기관들이 플러그 앤 플레이 방식의 단순한 아키텍처 기반의 오픈 API 플랫폼을 구축해 비즈니스 민첩성 강화, 통합비용 감소, 나아가 공급기업에 대한 종속성 방지 등의 요구를 해소하고 있다.

데이터3법 중 신용정보법(신용정보의 이용 및 보호에 관한 법률) 개정안의 국회 통과(2020.1.9.)로 마이데이터 정보 제공 등 API를 통한 개방형 플랫폼 사업들이 진행되고 있으며, 관련 산업 성장에 대한 기대감이 높아지고 있다. 오픈 API는 이미 보편화되고 가속화되고 있으며, 비즈니스적·기술적으로 핵심 영역이 됐다. 이에 따라 효율적이고 안정적인 API 관리를 위한 오픈 API 플랫폼의 역할이 점점 더 중요해지고 있다.

API 관리 플랫폼은 각 서비스의 API를 안전하게 공유하고 쉽게 사용할 수 있도록 개발자 포털을 제공하고, API 서비스들이 어떻게 사용되고 운영되는지를 분석하며, 그 외 API의 트렌드 확인 등 API에 대한 전반적인 관리 기능을 제공해야 한다.

공공기관을 시작으로 일반기업까지 오픈 API 서비스를 늘려가고 있다. 이러한 오픈 API 수요의 결과로 API 관리 및 운영에 대한 효율성을 높이기 위해 APIM(API Management) 기술이 대두되고 있다. APIM 기술에서는 개발 생산성 향상과 기간 단축을 위해 API 게이트웨이, API 라이프사이클 관리를 위한 API 포털 등 다양한 기능이 담긴 소프트웨어를 제공하고 있다.

API 라이프사이클 기반의 관리 기능은 API 생성, API 게시, 인증 및 보안, API 정책관리, API 검색, 서비스 개발, API 사용, 모니터링 및 분석 순으로 구성돼 있다. API 생성에서 요구되는 서비스 오케스트레이션 기능은 소단위 REST API를 조립해 단일 응답으로 처리해야 하는 API 서비스 제공에 적합하며, 백엔드 시스템의 DB, TCP 등 프로토콜로 변환이 요구되기도 한다.

오픈 API는 데이터 공유를 위한 표준 방식으로 자리매김하고 있고 SNS나 웹 콘텐츠와 달리 정형화되고 검증된 정보를 수집할 수 있는 방법이므로 데이터 수집에서 중요한 역할을 담당한다. 오픈 API는 공공 분야에서 시작해 자산화한 데이터들을 수집해 새로운 서비스를 제공하려는 핀테크 사업자, 마이데이터 사업자 등으로 확산되고 있다. 이렇게 증가하는 오픈 API의 수요에 대응하기 위해서는 APIM 같은 API 관리 플랫폼의 역할과 비중이 갈수록 커질 것이다.

다) 크롤링

크롤링은 API를 제공하지 않는 기존 애플리케이션과의 연결성을 해결하는 기법으로, 웹 상의 비정형 콘텐츠를 수집한다. 다시 말해 주로 웹 로봇을 이용해 조직 외부에 존재하는 소셜 네트워크 데이터 및 인터넷에 공개된 자료를 수집하는 기술이다. 이를 프로그래밍으로 자동화하기 위해 다음의 세 가지 기법이 활용되고 있다.

① HTML 페이지를 가져와 HTML/CSS 등을 파싱하고, 필요한 데이터만 추출하는 기법
② 오픈 API(REST API)를 제공하는 서비스에 오픈 API를 호출해 받은 데이터 중 필요한 데이터만 추출하는 기법
③ Selenium, PhantomJS 등 브라우저를 프로그래밍으로 조작해 필요한 데이터만 추출하는 기법

이외에도 로그인이 필요한 웹페이지 크롤링 기법, XPATH를 이용한 기법 등이 있어 데이터 수집을 위해 표준화하기 전에 빈번한 커스터마이징 개발이 필요하다는 단점이 있다. 따라서 크롤링 기법을 적용하기 전에 철저한 검토가 필요하다.

라) 기타 데이터 수집 기술

① RSS Reader
웹 기반 최신 정보를 공유하기 위한 XML 기반의 콘텐츠 배급 프로토콜인 RSS 서비스를 통해 데이터를 수집하는 기술로, RSS 사이트에서 제공하는 주소를 RSS Reader에 등록하면 자동으로 데이터를 전송받아 수집하는 기술

② Log Aggregator
조직 내부에 존재하는 웹서버 로그, 웹로그, 트랜잭션 로그, 클릭 로그, 데이터베이스 로그 등 각종 로그 데이터를 수집하는 오픈소스 기술(Chukwa, Flume, Scribe 등)

③ RDB Aggregator
관계형 데이터베이스(RDBMS)에서 정형 데이터를 수집해 HDFS(하둡 분산파일시스템)나 HBase와 같은 NoSQL에 저장하는 오픈소스 기술(Sqoop, Direct, JDBC 등)

④ Streaming
인터넷에서 음성, 오디오, 비디오 데이터를 실시간으로 수집할 수 있는 기술

나. 데이터 저장 및 관리 기술

1) 클라우드 DBMS 방향성과 한계

가) DB 서버의 한계

정형 데이터를 주로 다루는 관계형 데이터베이스(RDBMS)에서 높이 평가받는 기술은 RAC(Real Application Cluster, 오라클), TAC(Tibero Active Cluster, 티베로), PureScale(IBM DB2)과 같은 DB 서버 액티브 클러스터링 기술이다. 벤더별 용어와 상세 스펙은 조금씩 다르지만, DBMS 단일 스토리지를 공유함으로써 데이터 정합성을 유지하면서, 데이터 처리(저장, 변경, 삭제, 관리)를 수행하는 DB 서버를 다중화하고 클러스터링 함으로써 확장성, 성능, 가용성을 보장하고자 하는 목적은 동일하다.

물리적 스토리지를 여러 DB 서버가 공유한 상태에서 DB 서버 노드 확장을 지속하는 것은 동일 데이터 경합 발생, 노드 간 통신부하 증가 등의 문제를 발생시켜 더 이상의 성능 향상을 보장할 수 없게 만든다. 범용 저사양 컴퓨팅 자원을 병렬화해 사용해야 하는 클라우드 환경에서는 DB 클러스터 노드 확장성 제약이 더욱 심해지므로 DB 성능과 관리 측면에서 한계가 발생하게 된다.

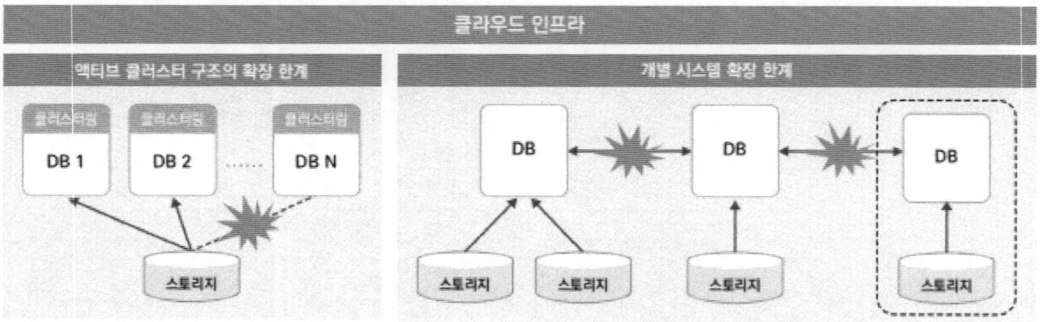

[그림 6] DB 서버 확장의 한계

MSA(Micro Service Architecture) 같은 방식으로 DB 업무를 분리해 개별 시스템간 성능을 유지하고자 해도 EAI, ETL, Link와 같은 DB 간 추가 연계 작업, 기업 내 데이터 품질, 정합성 유지 측면에서 여전히 문제가 존재한다.

나) 다양한 데이터 통합, 활용의 한계

데이터 생산 주체가 다양해지며 여러 형태의 데이터가 등장했으며, 각각의 DB가 별도 구축되고 별도 처리 기술이 적용되고 있다. 즉 RDB 정형, 반정형 파일, 비정형 콘텐츠 등 데이터 형태별로 별도의 저장 방법이 필요하고 조회, 분석을 위한 별도 기술이 사용되고 있다. 결국 데이터 통합과 활용이 어려워지고 그로 인해 업무시스템의 애플리케이션 복잡성이 증가하고 비즈니스 민첩성(Agility)이 저하되는 결과를 가져온다. 비즈니스 민첩성을 달성하기 위해 채택되는 MSA 방법도 데이터 형태별 통합 활용 문제와 다양한 데이터 간 연계 문제로 본래 달성하고자 하는 의미가 퇴색되고 있는 상황이다.

2) 클라우드 DBMS 기술의 필요 요소

가) 성능 저하 없는 스케일러블 DB

기존 클러스터 구조의 DBMS 확장 제약 문제를 해결하기 위해 데이터의 논리적 처리(Logical Processing)를 담당하는 DB서버와 물리적 처리(Physical Processing)을 담당하는 스토리지 서버를 명확히 분리하고 역할을 나눠 확장이 자유로운 구조로 바꾸는 것이 필요하다. 즉, 1티어 DB구조를 2티어 구조로 바꾸어 티어별 프로세싱 역량을 높이고 논리적, 물리적 확장성을 별개로 갖추어 기존 스토리지 서버 간 답답한 구조를 쪼개어 놓는 것이 필요하다.

클러스터 노드 확장 시 성능 저하를 가져온 락(Lock) 경합 발생과 DB 노드 간 통신 오버헤드를 없애는 기술이 가장 핵심이다. 이를 위해 데이터를 처리할 때 DB 서버 간에는 논리적 처리의 독립성이 보장돼야 하고 타 노드 의존성은 제거돼야 한다.

실질적인 데이터 처리는 스토리지 서버가 담당해야 한다. 기존에 단순 저장용도로 쓰인 스토리지가 아닌 자체 락 관리와 트랜잭션 순서 보장, 디스크 IO 등 기존 DB 서버가 담당한 데이터 처리 기능을 스토리지 레이어에서 구현해야 한다. 이러한 구조를 통해 부하 상황에 맞게 DB 서버(프론트엔드), 스토리지 서버(백엔드) 간 성능 저하 없는 자유로운 확장이 가능해진다.

나) DB 가상화를 통한 애자일 구현

비즈니스 민첩성을 달성하기 위해 업무를 잘게 나눠 서비스화해 분산시키고 애플리케이션 개발도 그에 맞는 방법론을 채택하고 있다. 그러나 DBMS 차원의 민첩성 달성을 위해선 DB 가상화 기술이 반드시 필요하다.

DB 가상화(DB Virtualization)는 물리적으로 저장되는 데이터, 테이블과 별도로 사용자나 업무 애플리케이션에서 필요로 하는 테이블을 논리적으로 집합시켜 놓은 개념이다. 기업내 데이터 무결성, 품질 보장 측면에서도 필요하고 복잡한 데이터 연계작업을 제거하는 유일한 방법이기도 하다.

DB 서버와 스토리지 서버로 분리함으로써 DB 가상화가 가능하고, 스토리지 서버에 저장된 테이블 메타정보를 이용해 DB 서버 레이어에서는 필요한 테이블만 뽑아 가상화한 데이터베이스를 구성하게 되는 것이다.

DB 가상화 기술을 이용하면 신규 업무 생성 시 빠른 DBMS 구성이 가능하고, 저장 위치에 상관없이 데이터 접근과 활용이 용이하며, 업무간 간섭 없는 유연한 데이터 관리가 가능해진다.

다) 다양한 데이터 형태의 통합

기업에서 생산되고 저장되는 다양한 형태의 데이터는 사용자나 애플리케이션 관점에서 동일한 도구를 통해 접근, 조회, 활용할 수 있도록 해야 한다.

OLTP형, OLAP형, 하둡형, 서치형 등 데이터 형태별 물리적 저장 스토리지 공간과 스토리지 프로세싱 기술은 각기 존재하고, 애플리케이션에서는 여러 종류의 데이터를 마치 동일한 DB 내에 존재하는 데이터처럼 보이게 하고 통합 처리를 가능하게 하는 하나의 강력한 인터페이스, 즉 통합 SQL 엔진 기술이 필요하다.

통합 SQL 엔진 기술은 클라우드 내 존재하는 정형, 비정형, 상용, 오픈 등 다양한 DB를 통합해준다. 또 다양한 데이터 형태를 수용할 수 있어 PaaS 기반의 애플리케이션 개발을 쉽게 하도록 해 진정한 넌프로그래밍(Non-Programming)을 앞당기고 애자일한 비즈니스를 가능하게 해준다.

라) AI 기반의 지능화 DB

클라우드 내에는 다수의 DB 인스턴스가 생성과 소멸을 반복하고 그에 따라 DB 관리 복잡성이 높아진다. 기존의 DBMS 전용 모니터링 도구나 DB 벤더에서 제공하는 툴은 자체 뷰나 로깅, 자체 리포트를 통해 현 상태를 실시간 감시하고 과거 이력과 추이를 분석하는 툴로서 역할을 하고 있다. 자동 진단과 튜닝 어드바이저 기능도 일부 제공하고 있으나 섬세하고 선제적인 관리 기능으로 사용하기엔 부족한 측면이 있다. 지능화된 DBMS 감시와 제어를 위해 다양한 성능과 운영 정보를 실시간으로 수집하고 AI 기반 학습을 통한 예측과 자동 최적화 기술이 접목돼야 한다.

DB 이외의 관련된 애플리케이션 서비스, 클라우드 인프라 관리 솔루션과의 초고속 인터페이스를 통해 데드락(Dead Lock), 악성 쿼리, 성능 저하 등 DBMS에서 발생 가능한 심각한 장애를 사전에 예측하고, 사전 방지 가이드 제공, DB 노드 직접 제어까지 가능한 수준까지 도달해야 한다.

4. 빅데이터 시장 동향

가. 세계 빅데이터 시장6)7)

시장조사기관인 Wikibon에 따르면 소프트웨어, 하드웨어, 서비스를 모두 포함한 세계 빅데이터 시장은 2026년에 총 922억 달러의 규모로 성장할 것으로 전망된다. 이는 2014년 기록했던 183억 달러에서 약 404% 증가한 수치이며, 2014년부터 2026년까지의 연평균 성장률은 14.4%에 달한다.

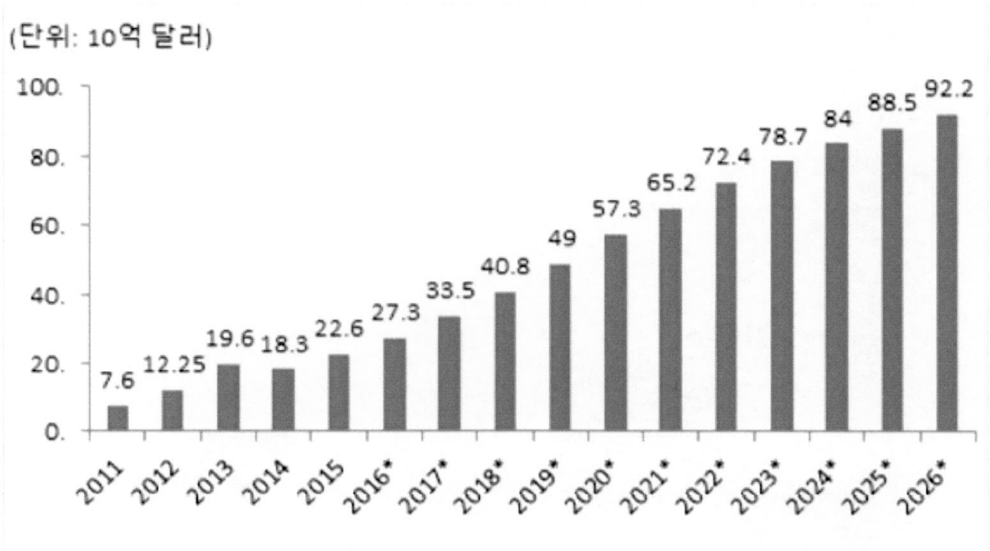

[그림 8] 빅데이터 세계시장 규모 예측 (2011~2026)

마켓앤마켓에 따르면 전 세계 빅데이터 시장은 2020년 1,388억 8,600만 달러에서 연평균 성장률 10.6%로 증가하여, 2025년에는 2,294억 2,300만 달러에 이를 것으로 전망된다.

---

6) 빅데이터 시대와 데이터 융합, 정보통신정책연구원
7) 빅데이터 시장, 글로벌 시장동향보고서, 연구개발특구진흥재단

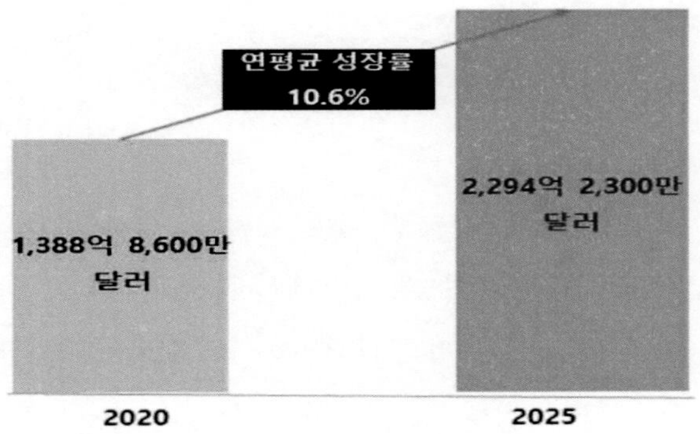

[그림 9] 글로벌 빅데이터 시장 규모 및 전망

전 세계 빅데이터 시장은 종류에 따라 서비스, 소프트웨어 시장으로 분류할 수 있다. 서비스는 2019년 988억 8,000만 달러에서 연평균 성장률 13.95%로 증가하여, 2024년에는 1,899억 7,000만 달러에 이를 것으로 전망된다. 소프트웨어는 2019년 665억 2,000만 달러에서 연평균 성장률 12.13%로 증가하여, 2024년에는 1,179억 3,000만 달러에 이를 것으로 전망된다.

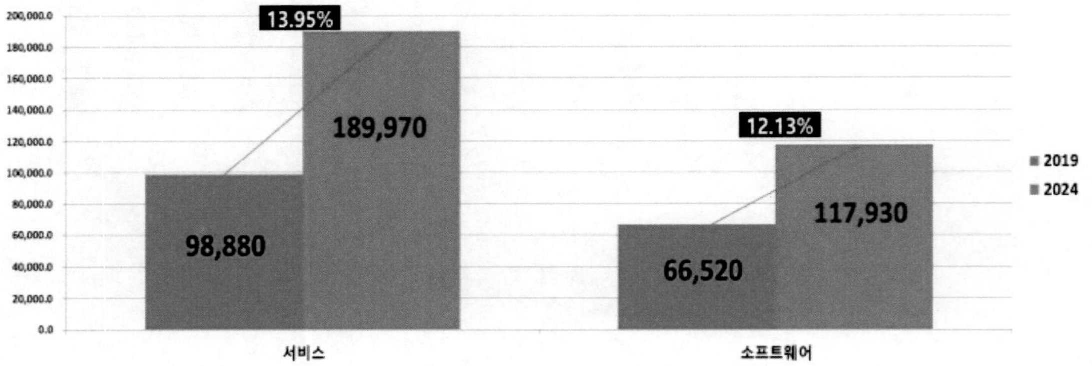

[그림 10] 글로벌 빅데이터 시장의 종류별 시장 규모 및 전망 (단위: 백만 달러)

전 세계 빅데이터 시장은 배포 방식에 따라 온프레미스(On-premise), 클라우드로 분류된다. 온프레미스(On-premise)는 2020년 588억 4,400만 달러에서 연평균 성장률 9.7%로 증가하여, 2025년에는 935억 3,100만 달러에 이를 것으로 전망된다. 클라우드는 2020년 269억 8,100만 달러에서 연평균 성장률 10.9%로 증가하여, 2025년에는 453억 4,600만 달러에 이를 것으로 전망된다.

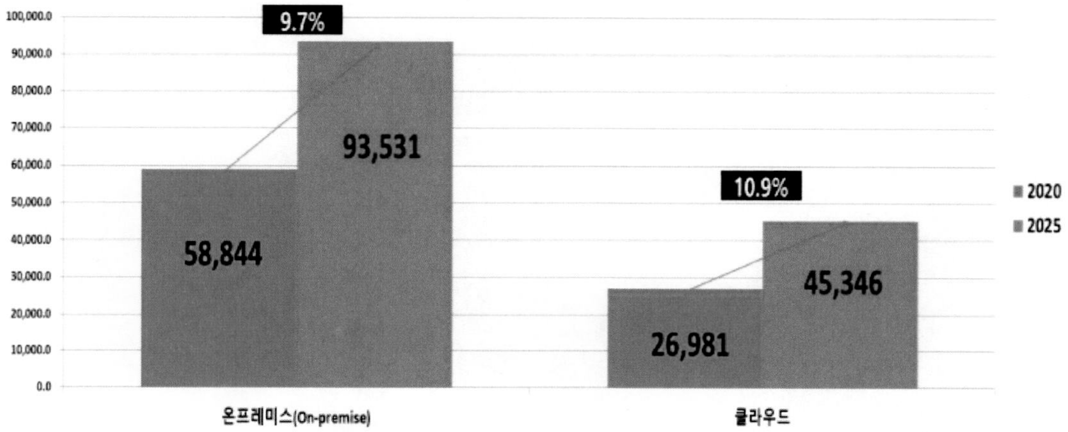

[그림 11] 글로벌 빅데이터 시장의 배포 방식별 시장 규모 및 전망 (단위: 백만 달러)

전 세계 빅데이터 시장은 조직 규모에 따라 대기업, 중소기업으로 분류할 수 있다. 대기업은 2020년 919억 7,700만 달러에서 연평균 성장률 10.4%로 증가하여, 2025년에는 1,506억 9,500만 달러에 이를 것으로 전망된다. 중소기업은 2020년 469억 900만 달러에서 연평균 성장률 10.9%로 증가하여, 2025년에는 787억 2,800만 달러에 이를 것으로 전망된다.

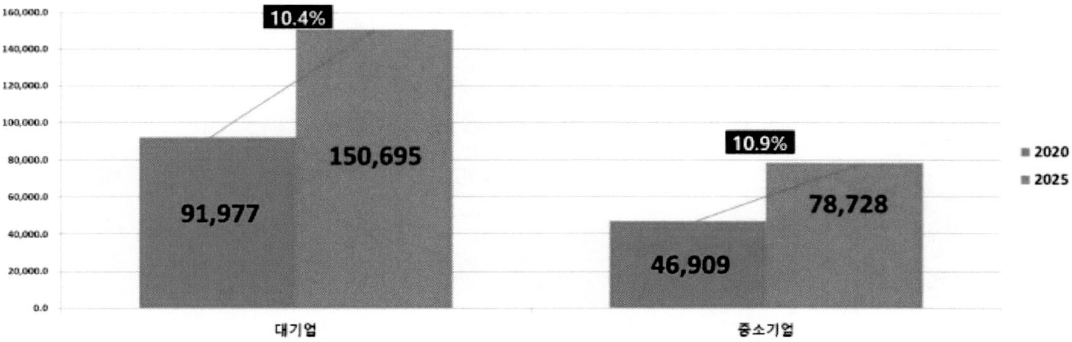

[그림 12] 글로벌 빅데이터 시장의 조직 규모별 시장 규모 및 전망 (단위: 백만 달러)

전 세계 빅데이터 시장은 비즈니스 기능에 따라 마케팅 및 영업, 재무, 경영, 인사로 분류할 수 있다. 마케팅 및 영업은 2020년 471억 9,900만 달러에서 연평균 성장률 10.5%로 증가하여, 2025년에는 776억 2,500만 달러에 이를 것으로 전망되고, 재무는 2020년 385억 6,000만 달러에서 연평균 성장률 10.9%로 증가하여, 2025년에는 646억 3,600만 달러에 이를 것으로 전망된다.

경영은 2020년 361억 9,600만 달러에서 연평균 성장률 11.6%로 증가하여, 2025년에는 626억 1,200만 달러에 이를 것으로 전망되며, 인사는 2020년 169억 3,200만 달러에서 연평균 성장률 7.7%로 증가하여, 2025년에는 245억 5,100만 달러에 이를 것으로 전망된다.

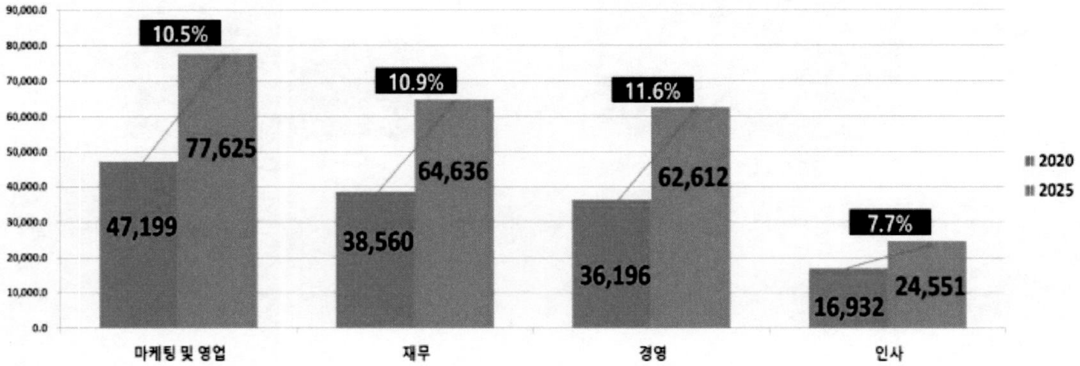

[그림 13] 글로벌 빅데이터 시장의 비즈니스 기능별 시장 규모 및 전망 (단위: 백만 달러)

전 세계 빅데이터 시장은 산업 분야에 따라 은행·금융서비스·보험(BFSI), 정부 및 방위, 헬스케어 및 생명과학, 제조, 소매 및 소비재, 미디어 및 엔터테인먼트, 통신 및 IT, 운송 및 물류, 기타로 분류할 수 있다.

은행·금융서비스·보험(BFSI)은 2020년 255억 2,000만 달러에서 연평균 성장률 6.6%로 증가하여, 2025년에는 350억 5,800만 달러에 이를 것으로 전망되고, 정부 및 방위는 2020년 149억 4,600만 달러에서 연평균 성장률 12.2%로 증가하여, 2025년에는 266억 3,200만 달러에 이를 것으로 전망된다. 헬스케어 및 생명과학은 2020년 97억 2,900만 달러에서 연평균 성장률 12.5%로 증가하여, 2025년에는 175억 2,800만 달러에 이를 것으로 전망되며, 제조는 2020년 133억 6,600만 달러에서 연평균 성장률 13.3%로 증가하여, 2025년에는 249억 900만 달러에 이를 것으로 전망된다.

소매 및 소비재는 2020년 202억 5,500만 달러에서 연평균 성장률 10.7%로 증가하여, 2025년에는 336억 9,600만 달러에 이를 것으로 전망되고, 미디어 및 엔터테인먼트는 2020년 140억 4,100만 달러에서 연평균 성장률 11.0%로 증가하여,

2025년에는 236억 1,200만 달러에 이를 것으로 전망된다. 통신 및 IT는 2020년 159억 4,000만 달러에서 연평균 성장률 9.2%로 증가하여, 2025년에는 247억 9,200만 달러에 이를 것으로 전망된다. 운송 및 물류는 2020년 113억 달러에서 연평균 성장률 11.9%로 증가하여, 2025년에는 197억 9,700만 달러에 이를 것으로 전망되고 마지막으로 기타는 2020년 137억 8,900만 달러에서 연평균 성장률 11.2%로 증가하여, 2025년에는 234억 달러에 이를 것으로 전망된다.

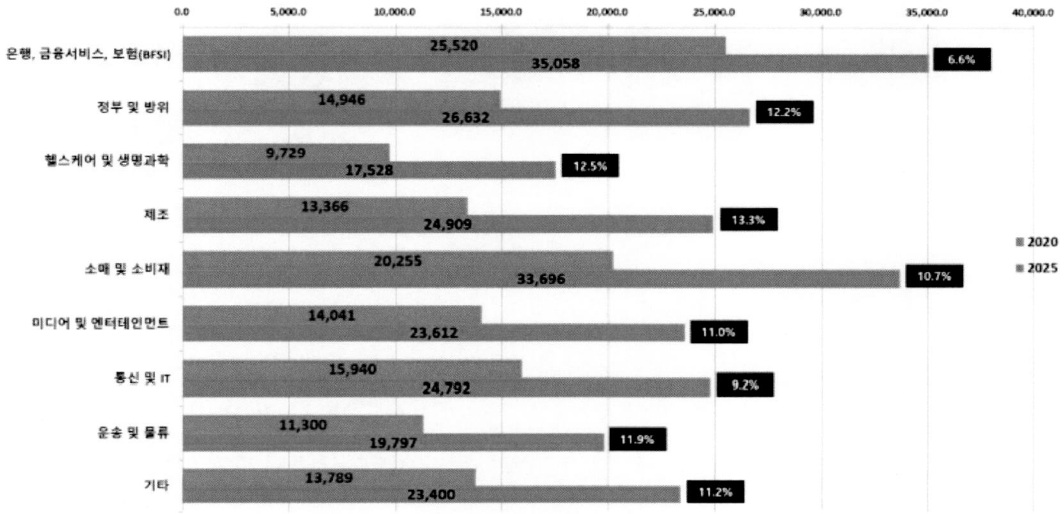

[그림 14] 글로벌 빅데이터 시장의 산업 분야별 시장 규모 및 전망 (단위: 백만 달러)

1) 지역별 시장 규모

전 세계 빅데이터 시장을 지역별로 살펴보면, 2020년을 기준으로 북아메리카 지역이 30.3%로 가장 높은 점유율을 차지했다. 북아메리카는 2020년 420억 9,100만 달러에서 연평균 성장률 9.3%로 증가하여, 2025년에는 656억 2,700만 달러에 이를 것으로 전망된다.

유럽은 2020년 366억 900만 달러에서 연평균 성장률 10.2%로 증가하여, 2025년에는 595억 4,400만 달러에 이를 것으로 전망되고, 아시아-태평양은 2020년 323억 7,300만 달러에서 연평균 성장률 11.9%로 증가하여, 2025년에는 568억 2,100만 달러에 이를 것으로 전망된다. 중동 및 아프리카 지역은 2020년 177억 3,500만 달러에서 연평균 성장률 11.4%로 증가하여, 2025년에는 304억 1,100만 달러에 이를 것으로 전망되고, 마지막으로 라틴아메리카 지역은 2020년 100억 7,800만 달러에서 연평균 성장률 11.0%로 증가하여, 2025년에는 170억 2,000만 달러에 이를 것으로 전망된다.

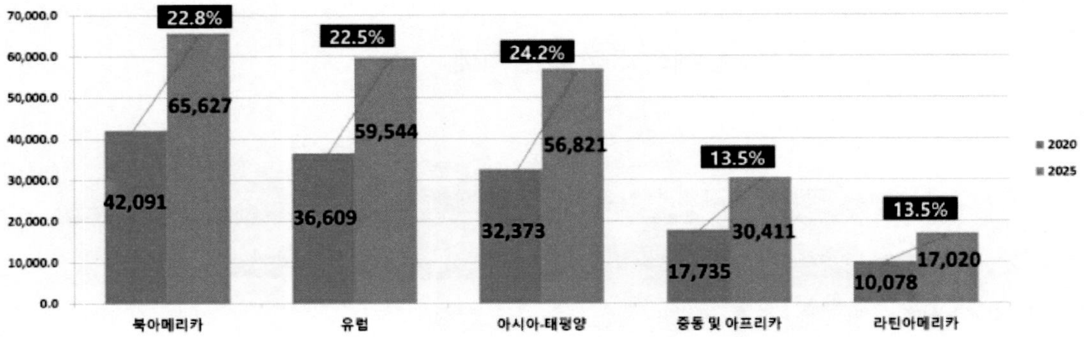

[그림 15] 글로벌 빅데이터 시장의 지역별 시장 규모 및 전망 (단위: 백만 달러)

중국 빅데이터 시장은 2016년 이후 연평균 35.7%씩 급성장하며 올해 시장 규모는 84억7천만 달러로 전망된다. 중국은 2015년부터 빅데이터 발전을 국가발전전략으로 추진해왔다. 현재 빅데이터 관리국 등 20여 개의 성급 관리 행정기관과 세제 및 투자유치 등의 혜택을 제공하는 46곳의 빅데이터 산업단지가 설립돼 있다.

상하이와 베이징 등 주요 14개 시에선 각종 분야의 데이터 판매와 구매가 가능한 데이터 거래 플랫폼을 보유 중이다. 이를 포함해 전국적으로 102개 지역급 행정데이터 개방 플랫폼을 운영하고 있다.

빅데이터의 실제 활용 역시 급속히 확대되고 있다. 제조 기업에선 기업 클라우드화, 스마트 공장 등에 활용하며, 정부는 식품·의약품 관리 감독, 도시 치안과 범죄 수사 등에 활용한다. 8)

8) "중국 빅데이터 시장 급성장…2025년 전 세계 3분의 1 차지", 연합뉴스

나. 국내 빅데이터 시장[9)]

한국IDC의 '국내 빅데이터·분석(BDA) 시장 전망, 2023-2027' 보고서에 따르면 국내 빅데이터 시장은 2027년까지 연평균 10.6% 성장해 3조 9771억 원에 이를 것으로 전망했다. 올 2023년은 전년비 11.1% 성장한 2조 7054억 원의 시장이 형성될 것으로 예측했다.

6일 한국IDC에 따르면, 비즈니스 경쟁력을 확보화기 위해 데이터를 비즈니스 이니셔티브에 활용하고자 하는 수요가 전산업에 걸쳐 가속화되고 있으며, 특히 차별화된 고객 경험 제공을 위해 고객 데이터의 다각도 분석 수요가 증가하며 빠른 성장세를 보이고 있다.[10)]

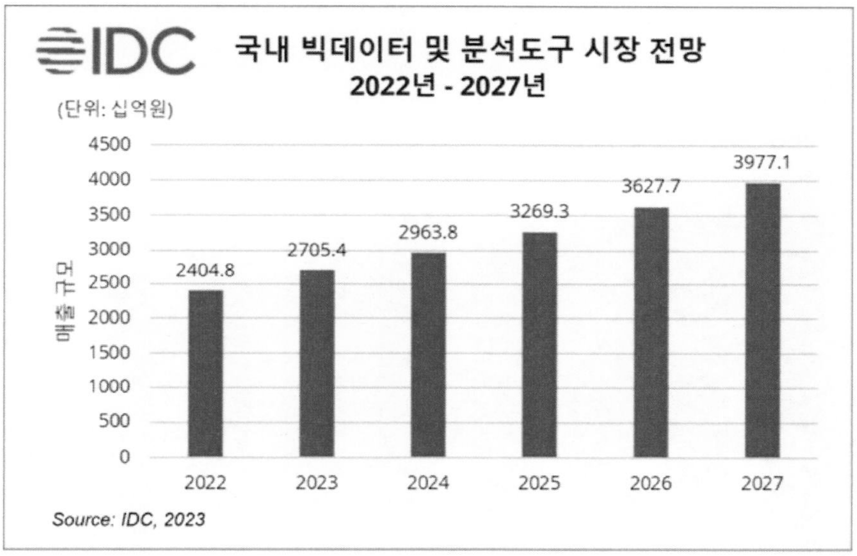

[그림 16] 국내 빅데이터·분석도구 시장전망

데이터산업의 부문별 규모를 살펴보면, 2021년 기준 데이터 판매 및 제공 서비스업 시장이 11조 3,869억 원으로 가장 높고, 다음으로 데이터 구축 및 컨설팅 서비스업이 8조 5,274억 원, 데이터 처리 및 관리 솔루션 개발·공급업이 2조 9,843억 원으로 나타났다.

데이터산업에서 각 부문별 차지하는 비중은 2010년 이후 비슷한 수준이며, 2021년 기준 데이터 판매 및 제공 서비스업 부문이 49.7%로 가장 높은 비중을 차

9) 2022년 데이터산업현황조사 결과보고서, 한국데이터산업진흥원
10) "국내 빅데이터 및 분석도구 시장 전년대비 11.1% 성장" 한국IDC, 넘버스

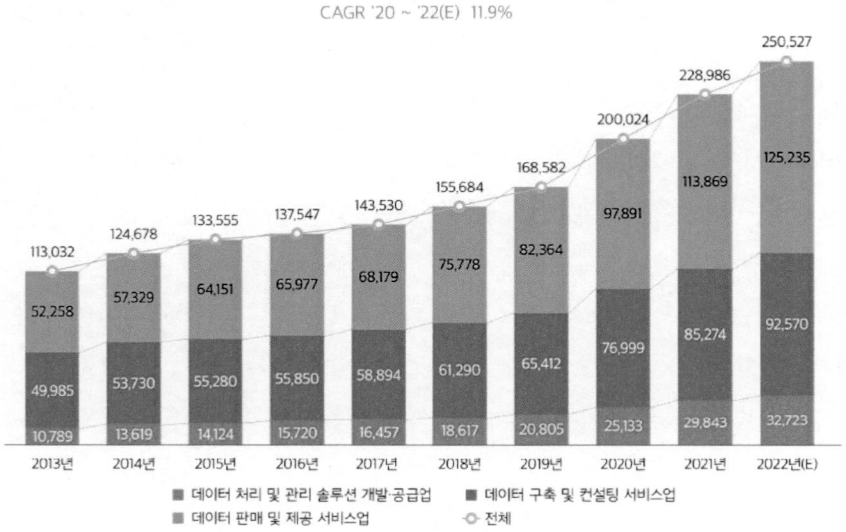

그림 17 2013~2022(E) 데이터산업 시장규모

지했다. 데이터 처리 및 관리 솔루션 개발·공급업 부문은 전체의 13.0%로 나타났다.

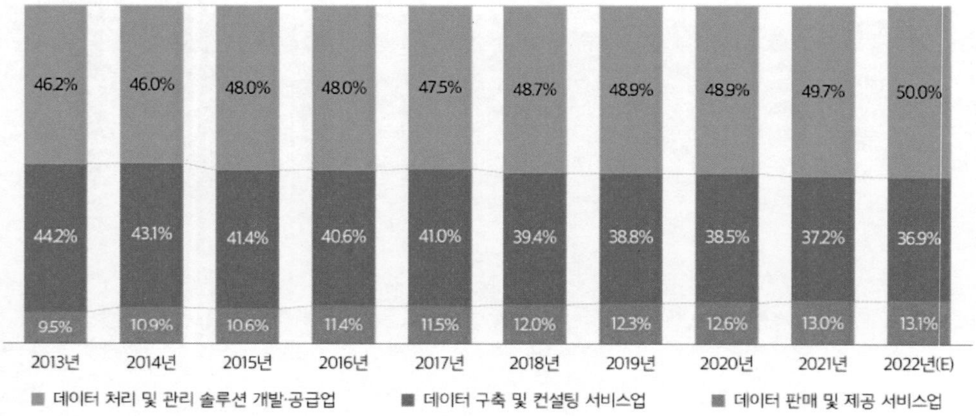

[그림 18] 2013~2022(E) 데이터산업 부문별 시장규모 비중

데이터산업 부문별 증감률을 보면, 데이터 처리 및 관리 솔루션 개발·공급업 시장이 2020년 대비 18.7%로 가장 높게 나타났고, 2020년부터 2022년 예상까지의 연평균증감률(CAGR)도 14.1%로 나타나, 전체 데이터산업 시장의 연평균 증가율 11.9%보다 높은 성장세를 보였다. 한편, 데이터 판매 및 제공 서비스업은 13.1%, 데이터 구축 및 컨설팅 서비스업은 9.6%의 성장률을 보였다.

(단위 : 억 원)

구 분	2013년	2014년	2015년	2016년	2017년	2018년	2019년	2020년	2021년	2022년 (E)	증감률 '20~'21	CAGR '20~'22 (E)
데이터 처리 및 관리 솔루션 개발·공급업	10,789	13,619	14,124	15,720	16,457	18,617	20,805	25,133	29,843	32,723	18.7%	14.1%
데이터 구축 및 컨설팅 서비스업	49,985	53,730	55,280	55,850	58,894	61,290	65,412	76,999	85,274	92,570	10.7%	9.6%
데이터 판매 및 제공 서비스업	52,258	57,329	64,151	65,977	68,179	75,778	82,364	97,891	113,869	125,235	16.3%	13.1%
전체	**113,032**	**124,678**	**133,555**	**137,547**	**143,530**	**155,684**	**168,582**	**200,024**	**228,986**	**250,527**	**14.5%**	**11.9%**

▮ 2014년 이전 통계는 통계작성승인(2016년) 이전에 도출된 시범조사 결과임
▮ 통계결과는 반올림되어 부분의 합계가 전체와 일치하지 않을 수 있음 (이하 동일)

[그림 19] 2013~2022년(E) 데이터산업 시장규모

요즘 들어 개인과 기업의 데이터 소비 방식이 변화되며 데이터 플랫폼 및 솔루션의 활용 수요가 더욱 증가하고 있는 것으로 나타났다.

특히 각종 이커머스 및 물류와 같이 고객 데이터와 접점이 핵심인 산업 외에도 공공, 제조, 엔터테인먼트, 금융과 같이 전 산업에 걸쳐 소프트웨어 및 IT 개발·구축에 대한 수요가 국내 빅데이터 및 분석도구의 지속적인 성장세를 견인할 것이라는 시각이다.

국내 빅데이터 및 분석 하드웨어 시장은 전 세계에서 발생한 하드웨어 공급 이슈 장기화와 국내 주요 클라우드 서비스 제공자(CSP)의 데이터센터 증설 연기로 2023년에는 다소 하향 조정된 시장 규모가 예상됐다. 단, 높아지는 데이터 수요에 따라 2024년부터는 기존의 성장세를 회복할 것으로 전망된다. [11]

1) 부문별 시장규모

가) 데이터 처리 및 관리 솔루션 개발·공급업 시장

데이터 처리 및 관리 솔루션 개발·공급업 시장규모는 2021년 2조 9,843억 원으로 2020년 대비 18.7% 성장하였으며, 2020년부터 2022년 예상 매출까지 3개년 연평균 증감률(CAGR)은 14.1%로 데이터산업 전체 성장세(11.9%)보다 높게 나타

11) IDC "올해 빅데이터 시장 규모 2조7000억원…2027년까지 10%씩 성장", Byline Network

났다. 향후 데이터 처리 및 관리 솔루션 개발·공급업 시장은 지난 데이터산업의 3개년 연평균 성장률인 14.1%와 같이 지속적으로 성장한다면 2026년(P)까지 4조 원을 넘어설 것으로 전망된다.

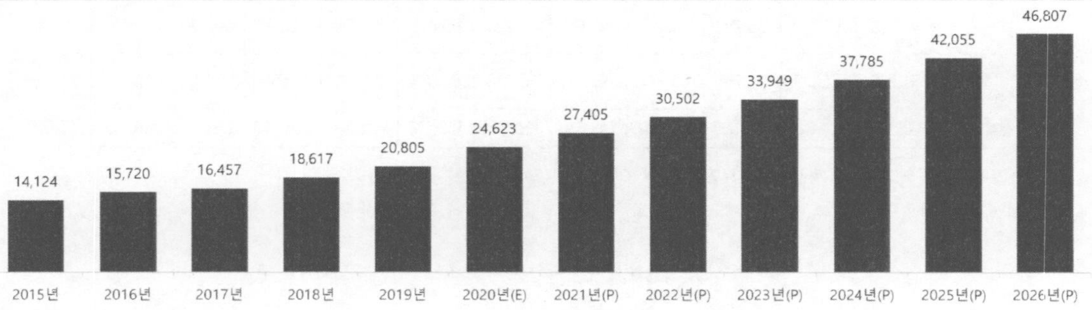

[그림 20] 데이터 처리 및 관리 솔루션 개발·공급업 시장규모 (단위 : 억 원)

2021년 기준 데이터 처리 및 관리 솔루션 개발·공급업 시장의 부문별 매출 비중을 살펴보면, 데이터베이스 관리 시스템 솔루션 시장이 36.9%를 차지하고 있으며, 다음으로 데이터 관리 솔루션(23.9%), 빅데이터 통합 플랫폼 솔루션(11.3%)이 뒤를 이었다.

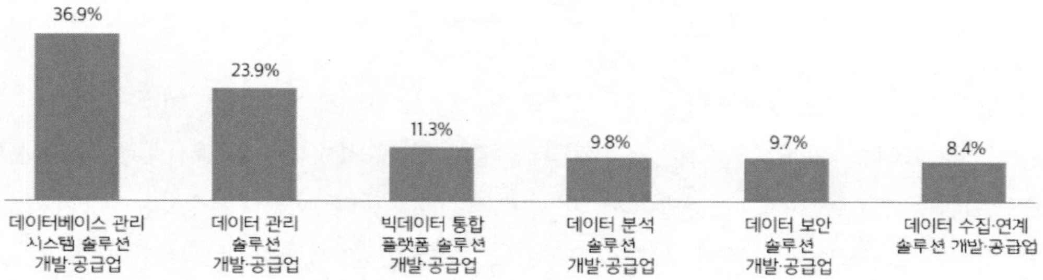

[그림 21] 2021년 데이터 처리 및 관리 솔루션 개발·공급업 중분류별 시장규모 비중

나) 데이터 구축 및 컨설팅 서비스업 시장

데이터 구축 및 컨설팅 서비스업 시장규모는 2021년 8조 5,274억 원으로 2020년 대비 10.7% 성장하였으며, 2020년부터 2022년 예상 매출까지 3개년 연평균 증감률은 9.6%로 나타났다. 향후 데이터 구축 및 컨설팅 서비스업 시장은 지난 데이터산업의 3개년 연평균 성장률인 11.3%와 같이 지속적으로 성장한다면 2026년

구 분	2016년	2017년	2018년	2019년	2020년	2021년	2022년 (E)	증감률 '20-'21	CAGR '20-'22 (E)
데이터 수집 · 연계 솔루션 개발 · 공급업	1,345	1,393	1,622	1,871	2,122	2,499	2,715	17.8%	13.1%
데이터베이스 관리 시스템 솔루션 개발 · 공급업	6,148	6,121	6,775	7,510	8,979	11,021	11,787	22.7%	14.6%
데이터 분석 솔루션 개발 · 공급업	1,249	1,325	1,782	2,014	2,586	2,932	3,247	13.4%	12.1%
데이터 관리 솔루션 개발 · 공급업	5,367	4,628	4,972	5,203	6,022	7,137	7,963	18.5%	15.0%
데이터 보안 솔루션 개발 · 공급업		1,213	1,517	1,975	2,558	2,894	3,015	13.1%	8.6%
빅데이터 통합 플랫폼 솔루션 개발 · 공급업	1,611	1,776	1,949	2,231	2,866	3,359	3,995	17.2%	18.1%
전체	**15,720**	**16,457**	**18,617**	**20,805**	**25,133**	**29,843**	**32,723**	**18.7%**	**14.1%**

[그림 22] 데이터 처리 및 관리 솔루션 개발·공급업 중분류별 시장규모 (단위 : 억 원)
(P)까지 14조 원을 넘어설 것으로 전망된다.

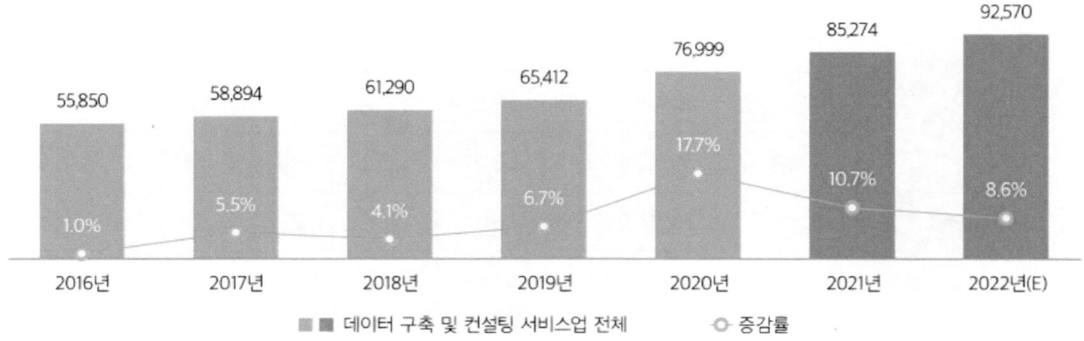

[그림 23] 데이터 구축 및 컨설팅 서비스업 시장규모 (단위 : 억 원)

데이터 구축 및 컨설팅 서비스업의 중분류별 시장규모 비중을 살펴보면 데이터 구축·가공 서비스업이 90% 이상의 비중을 차지하고 있으며, 데이터 관련 컨설팅 서비스업의 비중은 2020년 이후 5% 수준으로 나타났다.

2021년 기준, 데이터 구축·가공 서비스업 시장은 전년 대비 10.4%가 성장한 8조 403억 원으로 대부분을 차지하였고, 데이터 관련 컨설팅 서비스업 시장은 전년 대비 16.1%가 성장한 4,871억 원으로 나타났다.

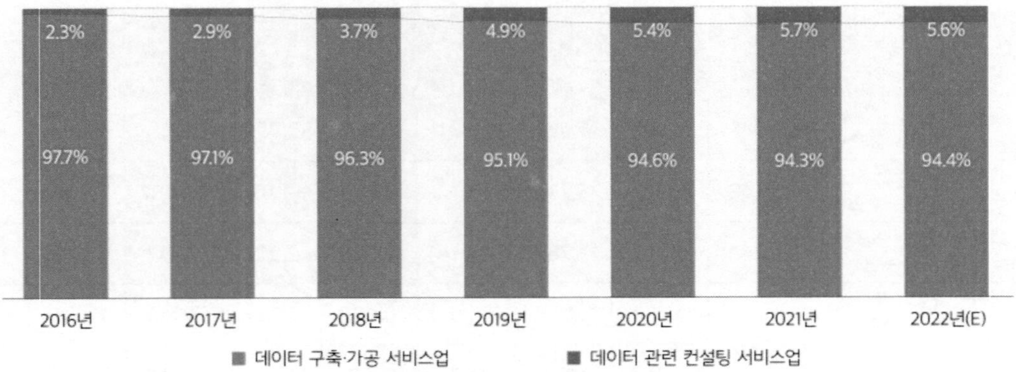

[그림 24] 데이터 구축 및 컨설팅 서비스업 중분류별 시장규모 비중

구 분		2017년	2018년	2019년	2020년	2021년	2022년 (E)	증감률 '20-'21	CAGR '20-'22 (E)
데이터 구축 · 가공 서비스업	제품판매	11,859	20,506	11,703	14,571	17,549	21,339	20.4%	21.0%
	용역 · 운영	45,348	38,487	50,519	58,234	62,855	66,027	7.9%	6.5%
	소계	57,207	58,993	62,223	72,805	80,403	87,366	10.4%	9.5%
데이터 관련 컨설팅 서비스업		1,687	2,297	3,189	4,194	4,871	5,204	16.1%	11.4%
전체		**58,894**	**61,290**	**65,412**	**76,999**	**85,274**	**92,570**	**10.7%**	**9.6%**

[그림 25] 데이터 구축 및 컨설팅 서비스업 영역별 시장규모 (단위 : 억 원)

구 분	2016년	2017년	2018년	2019년	2020년	2021년	2022년 (E)	증감률 '20-'21	CAGR '20-'22 (E)
데이터 구축 · 가공 서비스업	54,571	57,207	58,993	62,223	72,805	80,403	87,366	10.4%	9.5%
데이터 관련 컨설팅 서비스업	1,279	1,687	2,297	3,189	4,194	4,871	5,204	16.1%	11.4%
전체	**55,850**	**58,894**	**61,290**	**65,412**	**76,999**	**85,274**	**92,570**	**10.7%**	**9.6%**

[그림 26] 데이터 구축 및 컨설팅 서비스업 중분류별 시장규모 (단위 : 억 원)

다) 데이터 판매 및 제공 서비스업 시장

데이터 판매 및 제공 서비스업 시장규모는 2021년 11조 3,869억 원으로 2020

년 대비 16.3% 성장하였다. 데이터 판매 및 제공 서비스업의 시장규모는 2016년 이후 지속적으로 성장하고 있으며, 2020년부터 2022년 예상 매출까지 3개년 연평균 증감률(CAGR)은 13.1%로 나타났다.

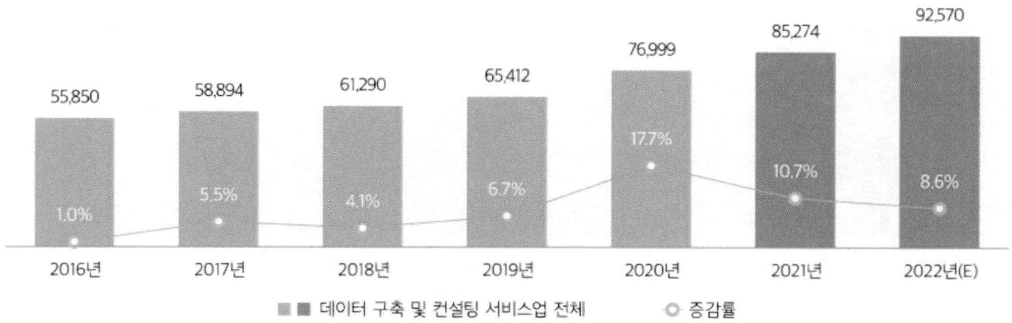

[그림 27] 데이터 구축 및 컨설팅 서비스업 시장규모 (단위 : 억 원)

데이터 구축 및 컨설팅 서비스업의 중분류별 시장규모 비중을 살펴보면 데이터 구축·가공서비스업이 90% 이상의 비중을 차지하고 있으며, 데이터 관련 컨설팅 서비스업의 비중은 2020년 이후 5% 수준으로 나타났다.

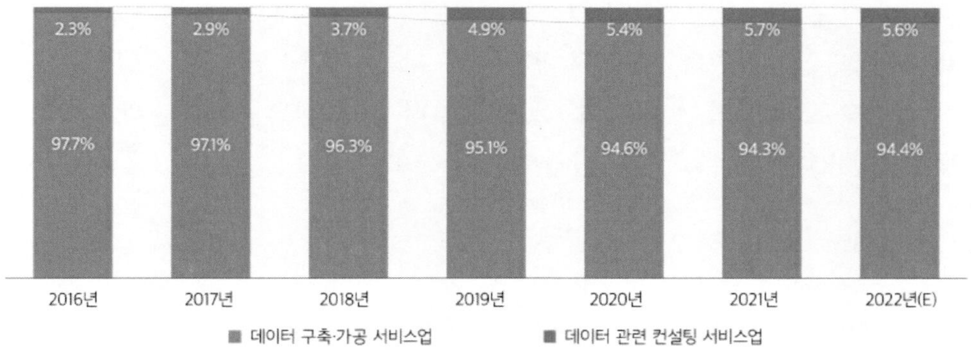

[그림 28] 데이터 판매 및 제공 서비스업 중분류별 시장규모 비중

2021년 기준, 데이터 구축·가공 서비스업 시장은 전년 대비 10.4%가 성장한 8조 403억원으로 대부분을 차지하였고, 데이터 관련 컨설팅 서비스업 시장은 전년 대비 16.1%가 성장한 4,871억 원으로 나타났다.

구 분	2016년	2017년	2018년	2019년	2020년	2021년	2022년 (E)	증감률 '20-'21	CAGR '20-'22 (E)
데이터 구축 · 가공 서비스업	54,571	57,207	58,993	62,223	72,805	80,403	87,366	10.4%	9.5%
데이터 관련 컨설팅 서비스업	1,279	1,687	2,297	3,189	4,194	4,871	5,204	16.1%	11.4%
전체	**55,850**	**58,894**	**61,290**	**65,412**	**76,999**	**85,274**	**92,570**	**10.7%**	**9.6%**

[그림 29] 데이터 구축 및 컨설팅 서비스업 중분류별 시장규모 (단위 : 억 원)

구 분		2017년	2018년	2019년	2020년	2021년	2022년 (E)	증감률 '20-'21	CAGR '20-'22 (E)
데이터 구축 · 가공 서비스업	제품판매	11,859	20,506	11,703	14,571	17,549	21,339	20.4%	21.0%
	용역 · 운영	45,348	38,487	50,519	58,234	62,855	66,027	7.9%	6.5%
	소계	57,207	58,993	62,223	72,805	80,403	87,366	10.4%	9.5%
데이터 관련 컨설팅 서비스업		1,687	2,297	3,189	4,194	4,871	5,204	16.1%	11.4%
전체		**58,894**	**61,290**	**65,412**	**76,999**	**85,274**	**92,570**	**10.7%**	**9.6%**

[그림 30] 데이터 구축 및 컨설팅 서비스업 영역별 시장규모 (단위 : 억 원)

데이터 판매 및 제공 서비스업 시장규모는 2021년 11조 3,869억 원으로 2020년 대비 16.3% 성장하였다. 데이터 판매 및 제공 서비스업의 시장규모는 2016년 이후 지속적으로 성장하고 있으며, 2020년부터 2022년 예상 매출까지 3개년 연평균 증감률(CAGR)은 13.1%로 나타났다.

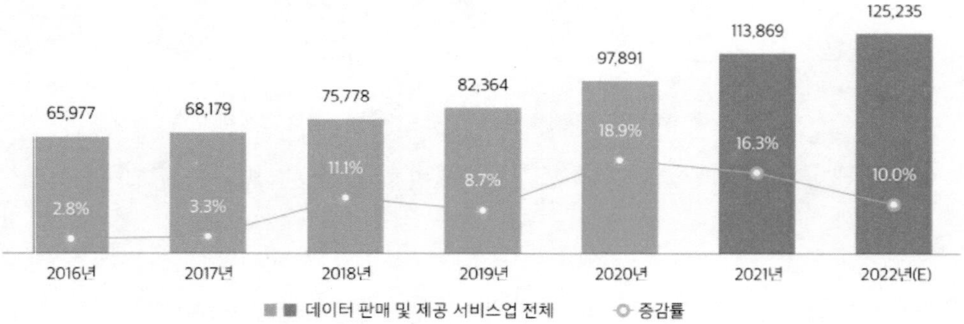

[그림 31] 데이터 판매 및 제공 서비스업 시장규모 (단위 : 억 원)

2021년 기준, 정보제공 서비스업 시장은 전년 대비 13.6%가 성장한 9조 3,008억 원으로 데이터 판매 및 제공 서비스업의 대부분을 차지하였고, 데이터 판매·중개 서비스업은 전년 대비 29.9%가 성장한 2조 861억 원으로 나타났다.

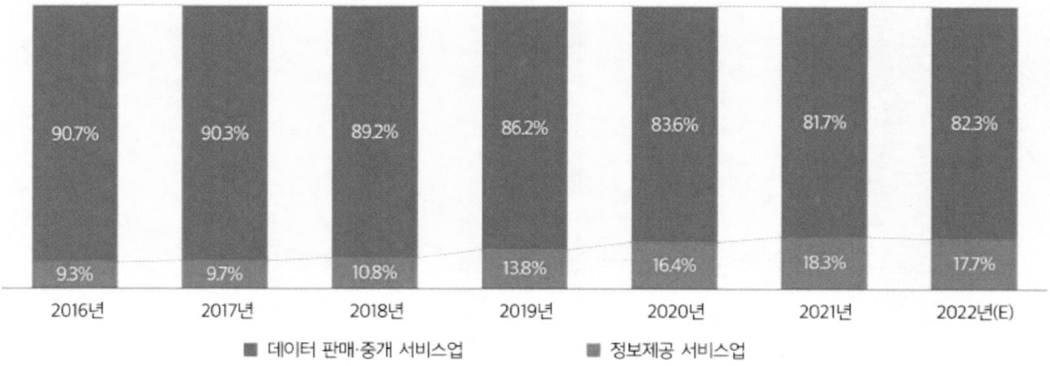

[그림 32] 데이터 판매 및 제공 서비스업 중분류별 시장규모 비중

구 분	2016년	2017년	2018년	2019년	2020년	2021년	2022년 (E)	증감률 '20-'21	CAGR '20-'22 (E)
데이터 판매 · 중개 서비스업	6,123	6,608	8,198	11,332	16,054	20,861	22,194	29.9%	17.6%
정보제공 서비스업	59,854	61,570	67,580	71,033	81,838	93,008	103,040	13.6%	12.2%
전체	**65,977**	**68,179**	**75,778**	**82,364**	**97,891**	**113,869**	**125,235**	**16.3%**	**13.1%**

[그림 33] 데이터 판매 및 제공 서비스업 중분류별 시장규모 (단위 : 억 원)

데이터 판매 및 제공 서비스업의 서비스 형태별 시장규모 비중을 살펴보면, 2021년 기준 온라인 PC 기반이 54.1%로 절반 이상을 차지하고, 다음으로 온라인 모바일(38.6%), 오프라인(7.3%)으로 나타났다. 온라인 기반 시장규모는 2015년 이후 매년 증가 추세를 보이며, 상대적으로 오프라인 기반 비중은 낮아졌다.

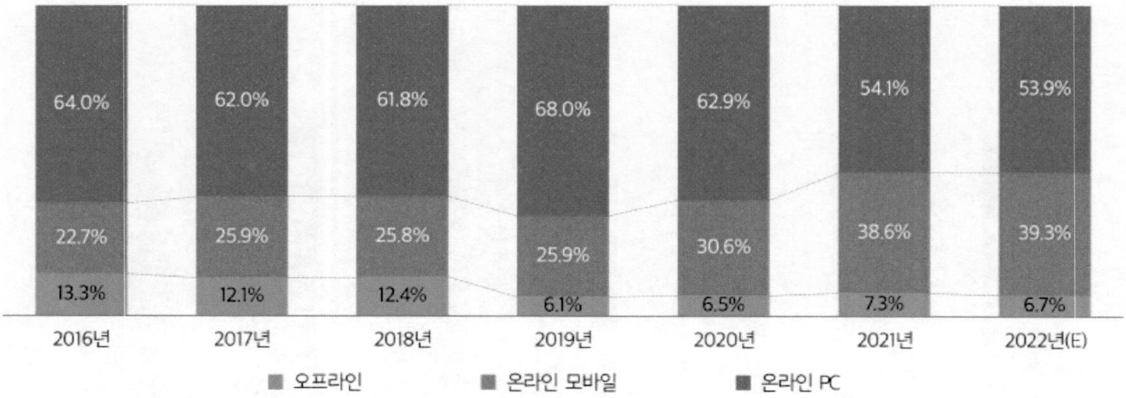

[그림 34] 데이터 판매 및 제공 서비스업의 서비스 형태별 시장규모 비중

(단위 : 억 원)

구 분			2016년	2017년	2018년	2019년	2020년	2021년	2022년 (E)	증감률 '20-'21	CAGR '20-'22 (E)
온라인	PC	규모	42,211	42,299	46,792	56,046	61,573	61,596	67,540	0.0%	4.7%
		비중	64.0%	62.0%	61.8%	68.0%	62.9%	54.1%	53.9%		
	모바일	규모	14,988	17,630	19,585	21,303	29,995	43,990	49,252	46.7%	28.1%
		비중	22.7%	25.9%	25.8%	25.9%	30.6%	38.6%	39.3%		
오프라인 (기기 · 장비탑재 포함)		규모	8,778	8,250	9,402	5,015	6,324	8,283	8,443	31.0%	15.5%
		비중	13.3%	12.1%	12.4%	6.1%	6.5%	7.3%	6.7%		
전체		**규모**	**65,977**	**68,179**	**75,778**	**82,364**	**97,891**	**113,869**	**125,235**	**16.3%**	**13.1%**
		비중	**100.0%**	**100.0%**	**100.0%**	**100.0%**	**100.0%**	**100.0%**	**100.0%**		

[그림 35] 데이터 판매 및 제공 서비스업의 서비스 형태별 시장규모

데이터 판매 및 제공 서비스업 시장의 수익기반별 시장규모 비중을 살펴보면, 2016년 이후 직접매출의 비중은 증가 추세를 보이며, 광고매출의 비중은 감소한 것으로 나타났다. 특히 정보제공 부문의 경우, 2020년 대비 직접매출의 비중이 크게 성장하고, 광고매출의 비중은 감소한 것으로 나타났다.

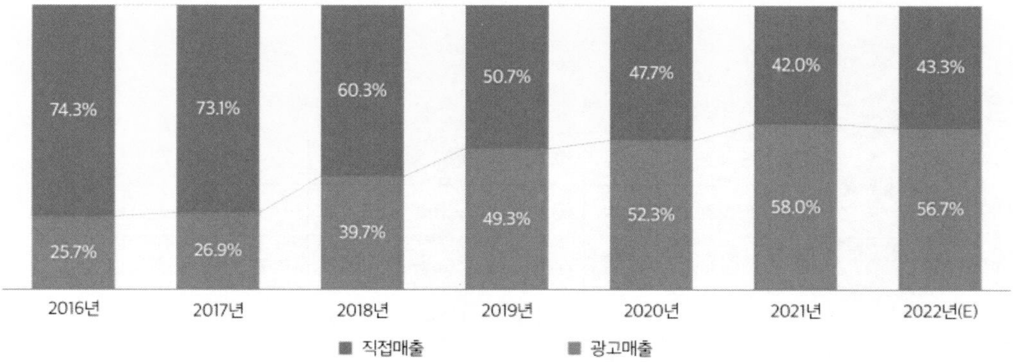

[그림 36] 데이터 판매 및 제공 서비스업 시장의 수익기반별 시장규모 비중

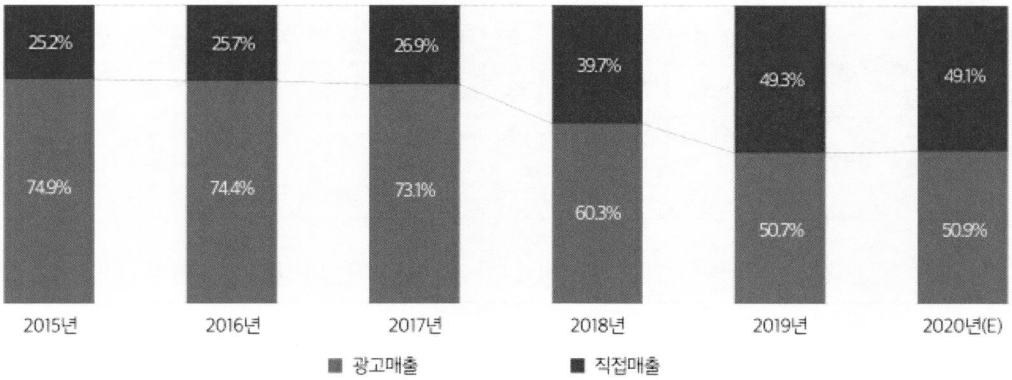

[그림 37] 데이터 판매 및 제공 서비스업 시장의 수익기반별 시장규모 비중

(단위 : 억 원)

구 분			2016년	2017년	2018년	2019년	2020년	2021년	2022년 (E)	증감률 '20-'21	CAGR '20-'22 (E)
데이터 판매·중개 서비스업	직접매출	규모	5,405	5,591	7,429	9,844	13,206	16,678	17,782	26.3%	16.0%
		비중	8.2%	8.2%	9.8%	12.0%	13.5%	14.6%	14.2%		
	광고매출	규모	718	1,018	769	1,488	2,847	4,184	4,412	46.9%	24.5%
		비중	1.1%	1.5%	1.0%	1.8%	2.9%	3.7%	3.5%		
정보제공 서비스업	직접매출	규모	11,523	12,747	22,673	30,764	38,039	49,400	53,244	29.9%	18.3%
		비중	17.5%	18.7%	29.9%	37.4%	38.9%	43.4%	42.5%		
	광고매출	규모	48,331	48,823	44,907	40,269	43,799	43,608	49,797	-0.4%	6.6%
		비중	73.3%	71.6%	59.3%	48.9%	44.7%	38.3%	39.8%		
전체		**규모**	**65,977**	**68,179**	**75,778**	**82,364**	**97,891**	**113,869**	**125,235**	**16.3%**	**13.1%**
		비중	**100.0%**	**100.0%**	**100.0%**	**100.0%**	**100.0%**	**100.0%**	**100.0%**		

[그림 38] 데이터 판매 및 제공 서비스업 시장의 수익기반별 시장규모(단위 : 억원)

04

빅데이터 시장 동향

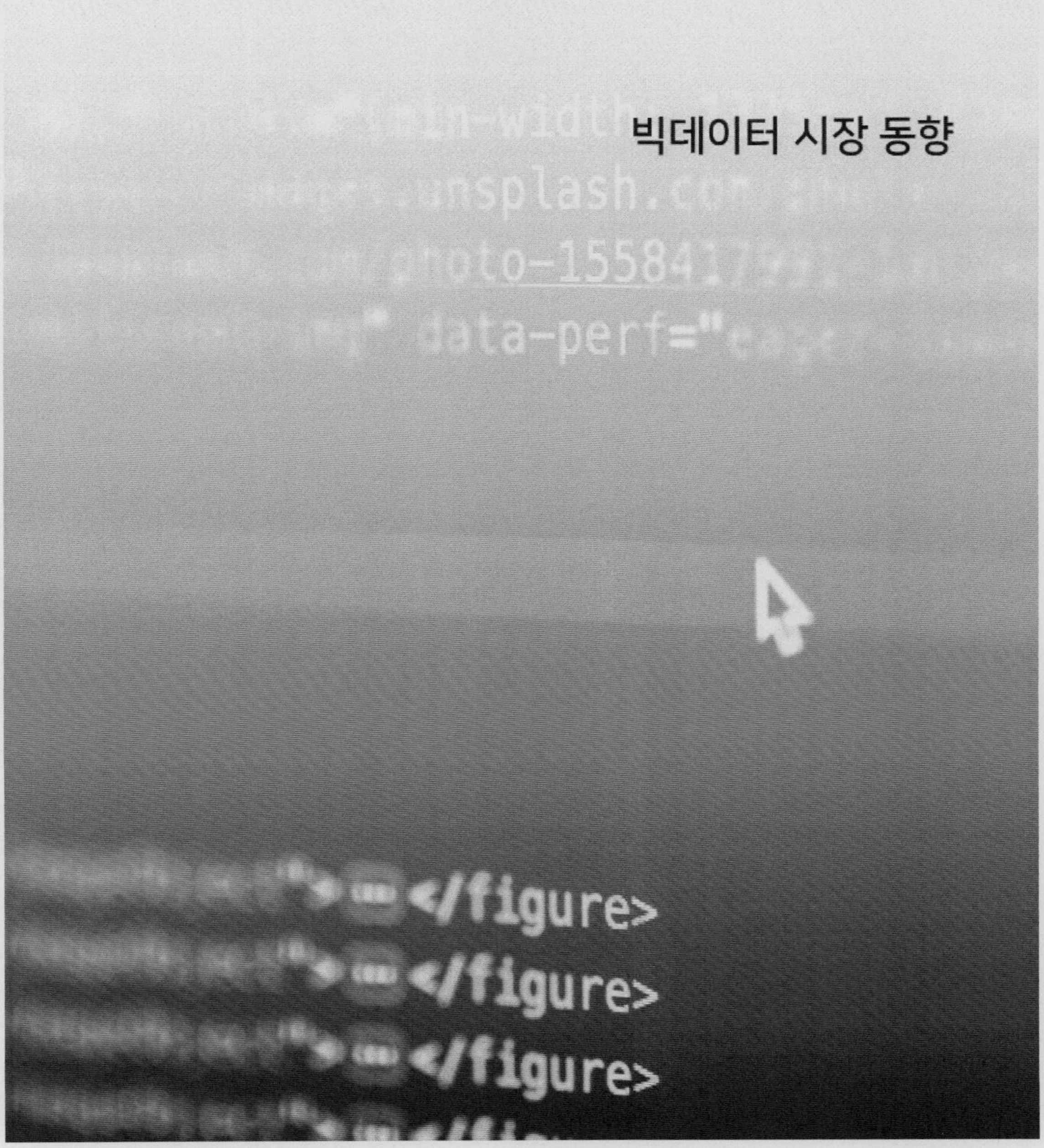

다. 빅데이터 시장 평가[12)]

공급기업은 향후 빅데이터 시장 성장전망에 대해 해외시장보다 국내시장의 성장률이 높을 것으로 예상했으며, 시간이 지날수록 지속적으로 확대될 것으로 평가했다. 국내에서는 비즈니스 경쟁력을 확보하기위해 데이터를 비즈니스 이니셔티브에 활용하고자 하는 수요가 전 산업에 걸쳐 가속화되고 있는 추세이다. 또한 중장기적인 관점에서 빅데이터 시장에 대해 긍정적인 시각을 보이는 것으로 나타났다. 특히 차별화된 고객 경험을 제공하기 위해 고객 데이터를 다각도로 분석하고 고객 경험을 강화하기 위한 수요가 지속적으로 증가함에 따라 자체 데이터 플랫폼 구축 및 관련 시스템 도입이 늘어나며 해당 시장이 예상보다 빠른 성장세를 보이고 있다. [13)]

공급사를 외국계와 국내 기업으로 나누어 살펴보면, 외국계 기업은 2018년부터 2022년까지 국내시장과 해외시장 모두 15%의 동일한 시장 성장을 보일것으로 예상한 반면, 국내 기업은 해외시장 대비 국내 시장이 약 3배 정도 높게 성장할 것으로 전망해, 국내시장의 성장을 해외시장 대비 높게 평가했다.

최근 빅데이터 관련 규제들이 조금씩 완화되고 공공 데이터와 민간 데이터를 통합한 빅데이터 센터 구축 등 정부의 빅데이터 활용 개선 정책과 이에 따른 수요기업들의 빅데이터 활용 증가가 예상되기에 시장 성장을 높게 평가한 것으로 풀이된다.

반면, 해외시장은 기존 빅데이터 도입 및 활용이 국내보다 활발히 진행되었기 때문에 성장이 다소 정체된 상태를 보이기 때문에 국내시장보다 낮게 평가되었지만, AI 산업이 부상하면서 산업 연계를 위한 빅데이터의 활용 확대가 증가할 것으로 예상되기 때문에 다시 성장할 것으로 평가했다.

공급기업과 수요기업은 빅데이터에 대한 향후 유망 업종에 대해 다소 상이된 평가를 하고 있는 것으로 나타났다.

공급기업은 제조업, 금융, IT, 서비스, 물류/유통 등의 순으로 빅데이터 활용이

---

12) 2017년 빅데이터 시장현황 조사, 인사이트플러스
13) “국내 빅데이터 및 분석도구 시장 전년대비 11.1% 성장” 한국IDC, 넘버스

유망할 것으로 전망한 반면, 수요기업은 IT, 물류/유통, 금융, 의료 산업 순으로 빅데이터 유망 활용 업종을 예상했다.

공급기업은 Industry 4.0 시대 전환의 글로벌 트렌드에 대한 대응으로, 국내 제조업에서 공정 자동화 및 위험예측 등의 스마트 팩토리 구축이 증가할 것으로 기대하면서 업종 중 빅데이터 활용이 가장 유망할 것으로 평가했다. 또한, 잇따른 금융 대기업들의 빅데이터 도입에 따라 대량의 고객정보를 보유하고 있는 금융권에서의 빅데이터 활용이 확산될 것으로 기대하고 있다.

수요기업은 IT 업무에서 빅데이터에 대한 향후 수요가 가장 높을 것으로 예측하면서 빅데이터가 마케팅, 홍보 등 전사적 기업 활동의 수단이 아닌 새로운 IT 기술 수준으로 인식하고 있는 것으로 판단된다. 또한 아마존 등 글로벌 대기업이 비데이터 분석을 통해 구매가능성이 높은 제품을 해당 지역 물류창고에 가져다 놓는 등 예측 배송 서비를 도입하고 있어 향후 물류/유통 산업에서의 활용도가 높아짐에 따라 산업 내 활용이 더욱 증가할 것으로 전망했다.

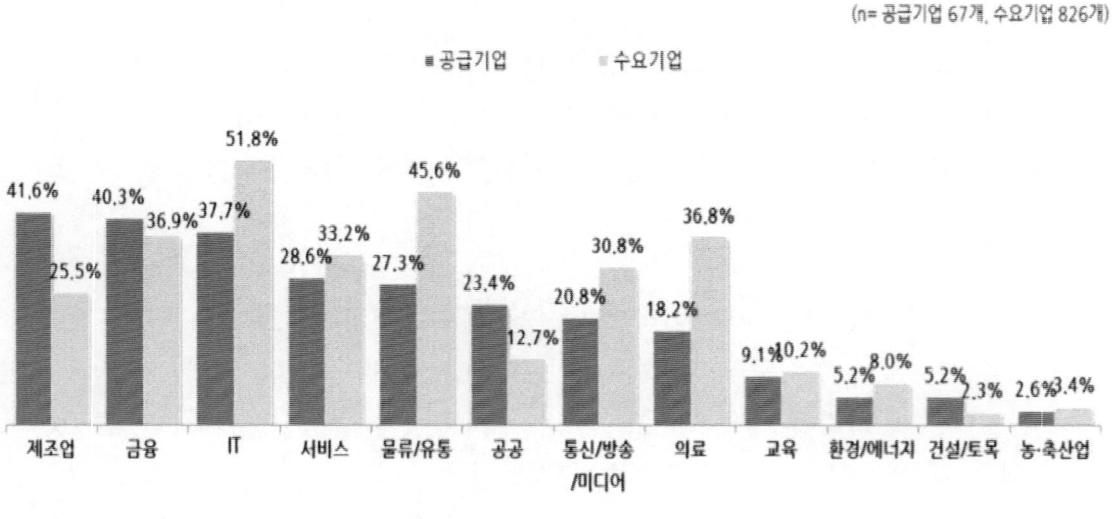

[그림 39] 향후 유망 업종 (공급기업 vs. 수요기업)

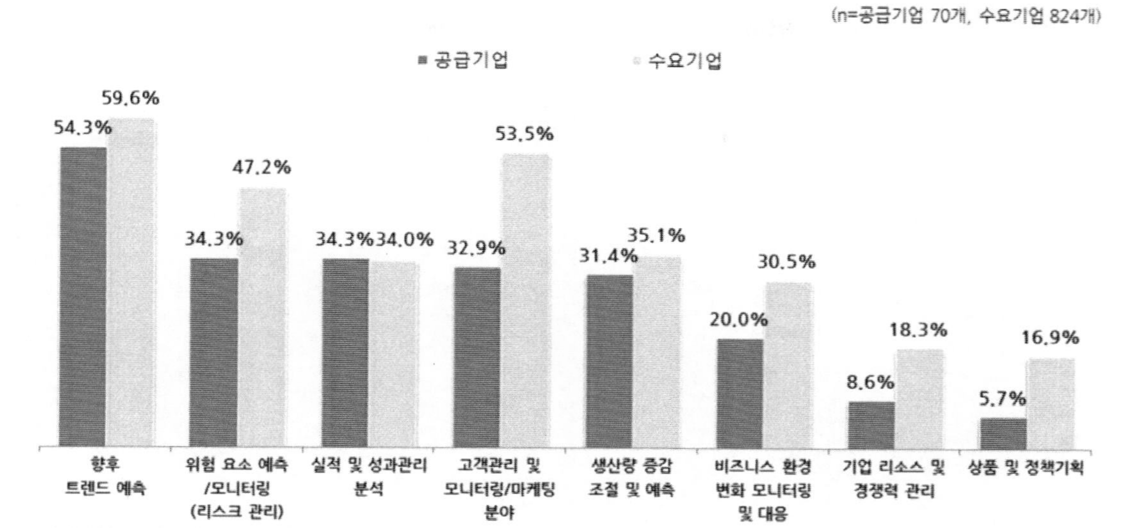

[그림 40] 향후 유망 업무 (공급기업 vs. 수요기업)

공급기업과 수요기업은 모두 빅데이터를 활용한 다양한 업무 중에서도 향후 트렌드 예측 업무를 가장 유망한 업무 분야로 선정했다. 이는 빅데이터를 통한 트렌드 예측 분석으로 개인 맞춤형 서비스 제공, 마케팅 등의 전략 수립을 통해 소비자를 유입하여 기업의 매출 확대를 이루고자 하는 것과 이에 대한 시장 확대의 높은 기대감 때문인 것으로 보인다.

뒤를 이어 공급기업은 위험요소 예측/모니터링, 즉 리스크관리와 실적 및 성과관리 분석 분야를 유망 업무 분야로 선정했으며, 수요기업은 고객관리 및 모니터링/마케팅을 유망 업무 분야로 평가했다. 반면 기업 소스 및 경쟁력 관리나 상품 및 정책 기획 분야에서의 빅데이터 활용에 대한 기대수준은 높지 않은 것으로 나타나 빅데이터를 통한 산업 내 2차적 활용보다 트렌드/패턴 예측 등의 1차적 활용이 높은 것으로 전망된다.

이처럼 산업에서 빅데이터 기술의 활용이 증가하면서 산업별로 다양한 기대수요가 발생하고 있다. 각 산업별로 기대수요를 살펴보면 다음과 같다. 먼저, 제조산업의 경우 빅데이터를 활용한 불량발생 원인 분석 및 모니터링, 센서/기기에 축적된 정보를 통한 공정 최적화 및 생산 스케줄 수립 등 주로 제품 생산단계에서 빅데이터의 활용에 대한 기대수요가 존재하는 것으로 조사되었다. 금융 산업에서는 맞춤형 상품 추천 및 고객이탈 방지, 연체고객 및 부도여부 예측 등 고객을 대상으로 한 마케팅 활용에 있어 빅데이터 기대 수요가 있는 것으로 나타났다. 그 외에 의료산업에서는 질병 예측 및 신약개발, 공공산업에서는 단수/단전 등의 고위험 가구 위기 예측 및 복지서비스 제공, 교통량 분석 등에 대한 기대수요가 있는 것으로 나타났다.

산업	관련 기대 수요
제조	• 로그분석을 통한 불량품 예측 및 생산량 증감 • 리스크 감소를 위한 예측/모니터링 • 센서/기기 축적정보를 통한 공정 최적화 및 생산 스케줄 수립 • 제품 서비스 관련 VOC 발생 예측을 통한 고객 불만 탐지
금융	• 데이터 기반 소비자 마케팅을 통한 맞춤형 상품 추천 및 고객이탈방지 • 연체고객 및 부도여부 예측, 신용 Risk 관리, 보험사기 예방, 대출심사 지원 • AI연계를 통한 장세 예측 및 투자 종목 추천 • 카드 부정 사용 예측
통신	• 콜센터 등 챗봇서비스의 활성화 및 빅데이터 기반 추천서비스 증대 • 가입자 이용패턴을 기반으로 사용패턴, 성향, 콘텐츠 분석을 통한 상품 추천
유통/물류	• 수출입 데이터를 통한 육로/해상/항공 화물 운송량 예측 • 철도 차량 실시간 장애감시 등 시설관리 및 사고위험요인 예측
의료	• 질병예측을 통한 의료비 절감 • 인공지능 연계를 통한 신약개발 및 시간/비용 단축 • 119 취약지역 분석 및 구급차 배치/인력장비 운영 최적화
공공	• 고위험 가구 예측, 선별을 통한 단수/단전 등 위기 예측 및 복지서비스 제공 • 교통량/교통시간 예측, 교통사고 원인 파악 및 다발생 환자 탐지 예측 • 빅데이터 분석을 통한 병역면탈 의심자 분석
기타	• 데이터 분석 기반 작물의 생상상황, 수확량 예측 및 농/수/축산물 생산소비 예측 • 산악기상 정보 패턴 분석을 통한 산불 위험 예보 • 계절상품 수요예측 • 전력/수자원/에너지 수급 예측 및 위험 조기 경보

[표 7] 산업별 주요 기대 수요

빅데이터 시장의 성장 가속화를 주도하는 세계 각 국의 정부와 기업들은 빅데이터가 향후 기업의 성패를 가늠할 새로운 경제적 가치의 원천이 될 것으로 기대하고 있다. 이는 빅데이터에서 유용한 정보를 찾아내고 잠재된 정보를 활용할 수 있는 기업들이 경쟁에서 시장을 선도할 것이라는 것을 의미한다.[14)]

14) 한국정보화진흥원

기관명	주요내용
Economist	• 데이터는 자본이나 노동력과 거의 동등한 레벨의 경제적 투입 자본, 비즈니스의 새로운 완자재 역할 • 비즈니스 트렌드 파악, 질병 예방, 범죄 해결 등 효과
MIT sloan	• 데이터 분석을 잘 활용하는 조직일수록 차별적 경쟁력을 갖추고 높은 성과를 창출 • 조직 분석역량의 특징 제시
PwC	• 빅데이터는 이전까지는 다루지 못하고 시도하지 못했던 데이터의 활용을 가능하게 하며, 잠재적 가치와 영향력이 높음 • 빅데이터의 중요성에 대해 기업들이 주목하고 있으며, 새로운 비즈니스의 가치창출의 핵심키가 될것
Gartner	• 데이터는 21세기 원유, 데이터가 미래 경쟁 우위를 좌우 • 기업은 다가올 '데이터 경제 시대'를 이해하고 정보 고립을 경계해야 성공 가능 • 빅데이터는 향후 주목해야할 이머징 기술
Mckinsey	• 글로벌 지스니스 지형을 뒤바꿀 기술 트렌드의 3가지 핵심은 '클라우드', '빅데이터', '스마트 자산' • 빅데이터는 혁신, 경제력, 생산성의 핵심요소 • 의료, 공공행정 등 5대 분야에서 6천억불 이상 가치 창출

[표 8] 빅데이터의 경제적인 가치전망

McKinsey&Company는 빅데이터를 제대로 활용하면 공공, 제조, 소매, 의료 부문에서 1%의 생산성을 추가로 향상시킬 수 있다고 밝혔다. 각 부문별로 적게는 $1,000억에서 많게는 $7,000억 규모의 경제적 효과가 창출될 것으로 보고 있으며, 특히 생산성 향상 정도에 따라 나누어 볼 때 컴퓨터, 전자제품 및 정보통신 분야에서 빅데이터의 적용 효과가 매우 클 것으로 예상된다. 또한 EU는 연간 2500유로 이상, 한국은 10조 7,000억 원 이상의 정부 지출을 줄일 수 있을 것이라고 전망했다. 분명한 것은 빅데이터에서 유용한 정보들을 찾아내고, 잠재된 정보를 활용할 수 있는 기업과 국가가 경쟁에서 시장을 선도할 것이며, 빅데이터를 잘 활용하기만 한다면 미래사회에서 새로운 기회와 가치를 창출 한다는 것이다. McKinsey, Economist, Gartner 등은 빅데이터를 활용한 시장 변동 예측, 신사업 발굴 등 경제적 가치창출 사례 및 효과를 제시하고 있다.

라. 빅데이터 시장 인력 현황[15)]

2022년 데이터산업에 종사하고 있는 인력은 총 406,457명으로 전년 대비 3.0% 증가했으며, 이 중 데이터직무 인력은 134,310명으로 전년 대비 9.7% 증가한 것으로 나타났다. 2016년부터 2022년까지 데이터직무 인력은 연평균 10.6% 증가하였고, 데이터직무 외 인력을 포함한 전체 인력의 연평균 증감률은 5.9%로 나타났다.

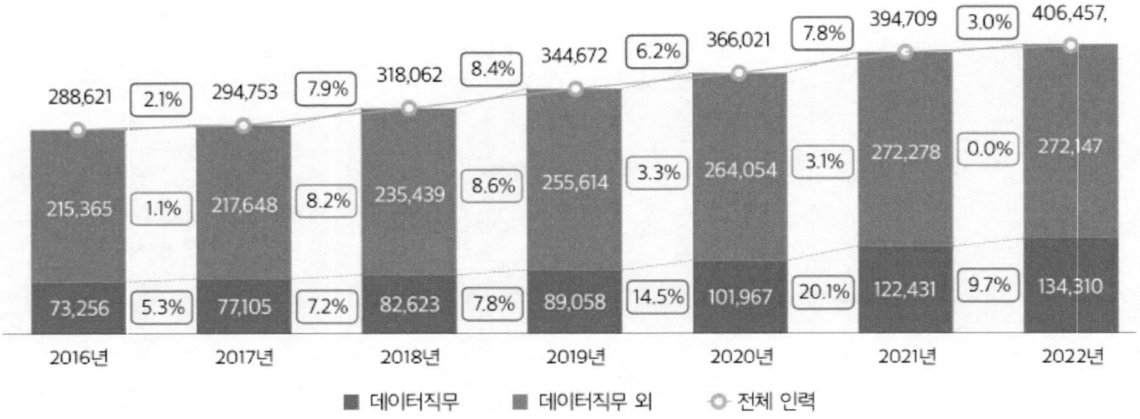

[그림 41] 2016~2022년 데이터산업 인력현황

(단위 : 명)

구 분	2016년	2017년	2018년	2019년	2020년	2021년	2022년	증감률 `21~`22	CAGR `20~`22	CAGR `16~`22
데이터직무	73,256	77,105	82,623	89,058	101,967	122,431	134,310	9.7%	14.8%	10.6%
데이터직무 외	215,365	217,648	235,439	255,614	264,054	272,278	272,147	0.0%	1.5%	4.0%
전체	**288,621**	**294,753**	**318,062**	**344,672**	**366,021**	**394,709**	**406,457**	**3.0%**	**5.4%**	**5.9%**

[그림 42] 2016~2022년 데이터산업 인력 현황

1) 데이터산업 부문별

2022년 데이터산업 부문별 데이터직무 인력은 데이터 구축 및 컨설팅 서비스업 부문이 64,248명으로 가장 많았고, 데이터 판매 및 제공 서비스업 46,517명, 데이터 처리 및 관리 솔루션 개발·공급업 23,545명 순으로 나타났다.

15) 2020 데이터산업 현황조사, 과학기술정보통신부

데이터산업 부문별로 증감률을 살펴보면, 데이터 처리 및 관리 솔루션 개발·공급업이 전년 대비 11.9%로 가장 높은 증가율을 보였고, 데이터 구축 및 컨설팅 서비스업은 9.4%, 데이터 판매 및 제공 서비스업은 6.4% 증가한 것으로 나타났다.

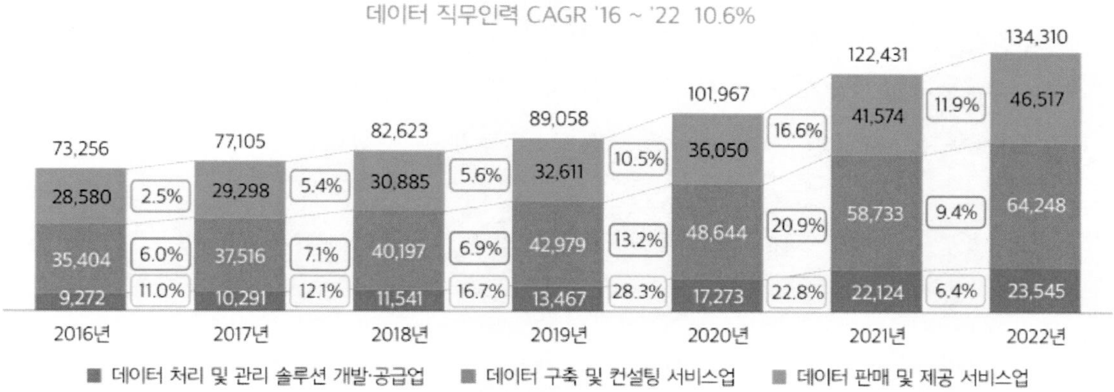

[그림 43] 2016~2022년 데이터산업 부문별 데이터직무 인력 현황

데이터산업 인력의 직무별 비중을 보면, 데이터 개발자가 33.5%(44,977명)로 가장 많은 비중을 차지하였고, 데이터 엔지니어 16.3%(21,923명), 데이터베이스관리자 14.9% (19,961명) 순으로 나타났다.

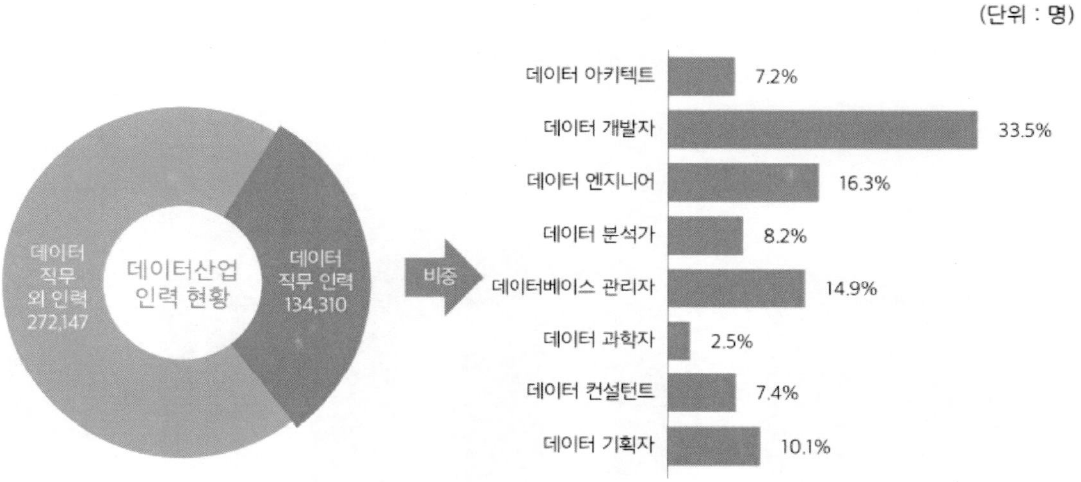

[그림 44] 2022년 데이터산업 인력 구성 및 데이터직무별 인력 비중

2) 기술등급별

기술등급별 데이터직무 인력은 전체적으로 중급인력이 54,716명(40.7%)으로 가장 많은 비중을 차지하였다. 다음으로는 고급 인력이 44,732명(33.3%), 초급 인력이 34,861명(26.0%) 조사되었다.

직무별로 보면 데이터 분석가(40.1%), 데이터 기획자(37.6%)에서 고급인력의 비중이 높고, 그 외 직무에서는 중급인력 비중이 가장 높게 나타났다. 데이터 엔지니어(28.6%)는 초급인력 비중이 상대적으로 높게 나타났다.

분야별로 데이터 처리 및 관리 솔루션 개발·공급업에서는 고급인력의 비중이 37.1%로 상대적으로 높고, 모든 분야에서 중급 인력의 비중이 가장 높게 나타났다.

3) 전 산업 인력 현황

가) 산업 부문별

데이터산업과 일반산업을 포함한 전 산업의 2022년 데이터직무 인력은 전년 대비 9.4% 증가한 197,802명으로 조사되었다. 일반산업의 데이터직무 인력은 63,492명으로 전년 대비 8.6%로 증가한 것으로 나타났다. 지난해 조사에서 나타난 2022년 필요 인력은 11,247명이었으며, 이보다 더 많은 인력이 증가한 것으로 나타났다.

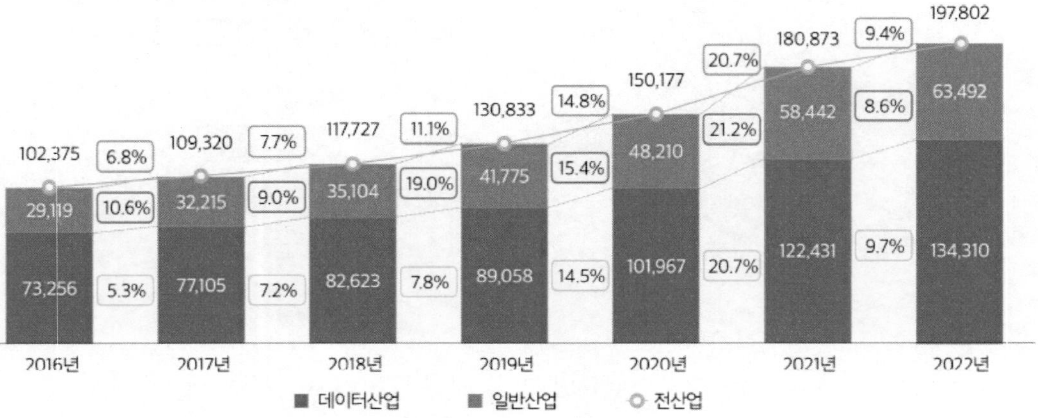

[그림 45] 2016~2022년 전 산업 데이터직무 인력 현황

(단위 : 명)

구 분		2016년	2017년	2018년	2019년	2020년	2021년	2022년	증감률 '21~'22	CAGR '16~'22
데이터산업	인력수	73,256	77,105	82,623	89,058	101,967	122,431	134,310	9.7%	10.6%
	비중	71.6%	70.5%	70.2%	68.1%	67.9%	67.7%	67.9%		
일반산업*	인력수	29,119	32,215	35,104	41,775	48,210	58,442	63,492	8.6%	13.9%
	비중	28.4%	29.5%	29.8%	31.9%	32.1%	32.3%	32.1%		
전 산업	**인력수**	**102,375**	**109,320**	**117,727**	**130,833**	**150,177**	**180,873**	**197,802**	**9.4%**	**11.6%**
	비중	**100.0%**	**100.0%**	**100.0%**	**100.0%**	**100.0%**	**100.0%**	**100.0%**		

▮ 일반산업: 공공, 금융, 제조, 유통, 서비스, 의료, 통신·미디어, 물류, 교육, 유틸리티, 농축산·광업, 건설, 숙박·음식점업 등 13개 업종을 영위하는 종사자수 100인 이상 사업체

▮ 일반산업의 2021년 이전 통계는 통계작성승인(2022년) 이전에 도출된 시범조사 결과임

[그림 46] 2016~2022년 전 산업 데이터직무 인력 현황

전 산업의 데이터직무별 인력은 데이터 개발자가 28.1%로 가장 높은 비중을 차지하는 것으로 조사되었다. 다음으로 데이터베이스관리자 24.7%, 데이터엔지니어 13.3% 순이었다.

데이터산업과 일반산업의 데이터인력 직무별 비중을 살펴보면, 데이터산업은 데이터 개발자(33.5%)가 많은 반면, 일반산업은 데이터베이스관리자(45.7%)가 많은 것으로 나타났다.

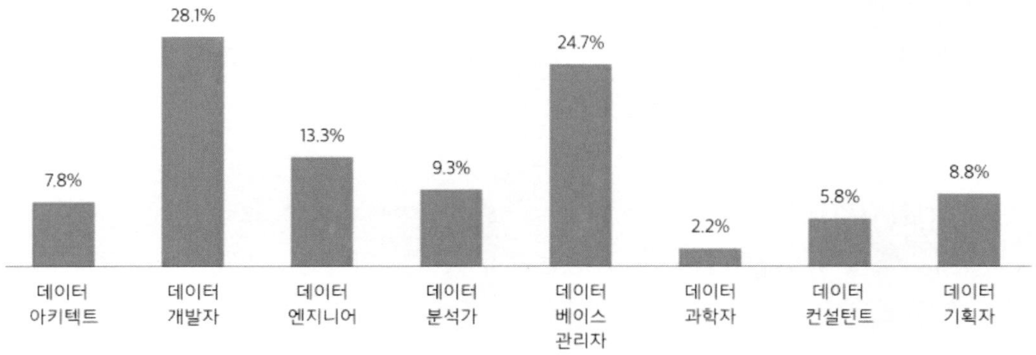

[그림 47] 2022년 전 산업의 데이터직무별 인력 비중

전산업 데이터직무별 인력의 연도별 추이를 보면, 전년 대비 가장 큰 증가율을 보인 직무는 데이터 엔지니어 14.7%, 데이터 분석가 12.3%, 데이터 컨설턴트 9.9% 등의 순으로 나타났다.

(단위 : 명)

구 분		2016년	2017년	2018년	2019년	2020년	2021년	2022년	증감률 '21~'22
데이터 아키텍트	인력수	9,267	10,071	11,354	10,360	11,545	14,530	15,515	6.8%
	비중	9.1%	9.2%	9.6%	7.9%	7.7%	8.00%	7.8%	
데이터 개발자	인력수	38,948	41,254	42,327	37,007	41,976	51,507	55,509	7.8%
	비중	38.0%	37.7%	36.0%	28.3%	28.0%	28.50%	28.1%	
데이터 엔지니어	인력수	15,670	16,634	17,529	16,165	19,791	22,869	26,223	14.7%
	비중	15.3%	15.2%	14.9%	12.4%	13.2%	12.60%	13.3%	
데이터 분석가	인력수	7,339	8,398	10,170	12,159	12,737	16,396	18,410	12.3%
	비중	7.2%	7.7%	8.6%	9.3%	8.5%	9.10%	9.3%	
데이터베이스 관리자	인력수	17,116	17,863	18,882	34,644	38,440	44,878	48,954	9.1%
	비중	16.7%	16.3%	16.0%	26.5%	25.6%	24.80%	24.7%	
데이터 과학자	인력수	1,662	1,803	1,807	1,802	3,031	3,977	4,340	9.1%
	비중	1.6%	1.6%	1.5%	1.4%	2.0%	2.20%	2.2%	
데이터 컨설턴트	인력수	4,513	5,004	6,269	5,958	8,113	10,429	11,466	9.9%
	비중	4.4%	4.6%	5.3%	4.6%	5.4%	5.80%	5.8%	
데이터 기획자	인력수	7,860	8,293	9,389	12,738	14,544	16,287	17,387	6.8%
	비중	7.7%	7.6%	8.0%	9.7%	9.7%	9.00%	8.8%	
전체		**102,375**	**109,320**	**117,727**	**130,833**	**150,177**	**180,873**	**197,802**	**9.4%**

[그림 48] 2016~2022년 전 산업 데이터직무별 인력 현황

나) 기술등급별

일반산업을 포함한 전 산업의 데이터직무 기술등급별 인력 현황은 중급 88,570명(44.8%), 고급 60,120명(30.4%), 초급 49,112명(24.8%) 순으로 많은 것으로 나타났다.

데이터산업의 경우 중급(40.7%)과 고급(33.3%) 인력이 많은 비중을 차지하고 있는 반면, 일반산업은 중급(53.3%)인력이 절반 이상을 차지하고, 다음으로 고급(24.2%), 초급(22.4%) 순으로 나타났다.

(단위 : 명)

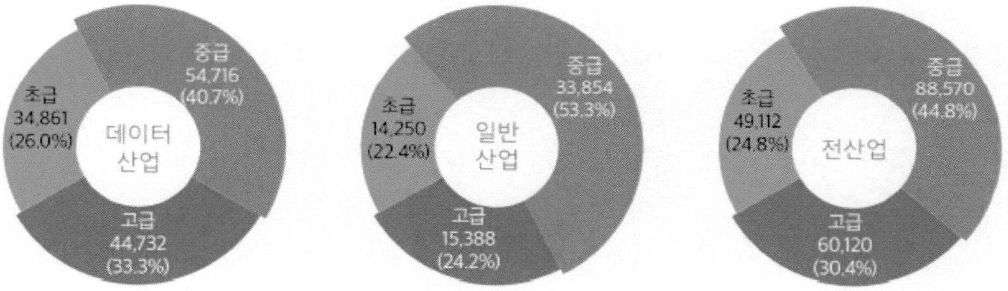

[그림 49] 2022년 전 산업의 기술등급별 데이터직무 인력 비중

마. 빅데이터 시장 인력 수요[16)]

1) 데이터산업 필요 인력 및 부족률

향후 5년 내(2027년까지) 데이터산업의 데이터직무 필요 인력은 총 17,418명으로 조사되었다. 이 중 데이터 개발자 수요가 7,772명(44.6%)으로 가장 높았고, 데이터 엔지니어 1,955명(11.2%), 데이터 분석가 1,874명(10.8%) 순으로 나타났다.

향후 5년 내(2027년) 데이터산업의 기술등급별 필요 인력 수를 살펴보면 중급 7,525명(43.2%)을 가장 필요로 하였으며, 현재 데이터직무 인력과 마찬가지로 중급 인력에 대한 수요가 높은 것으로 나타났다.

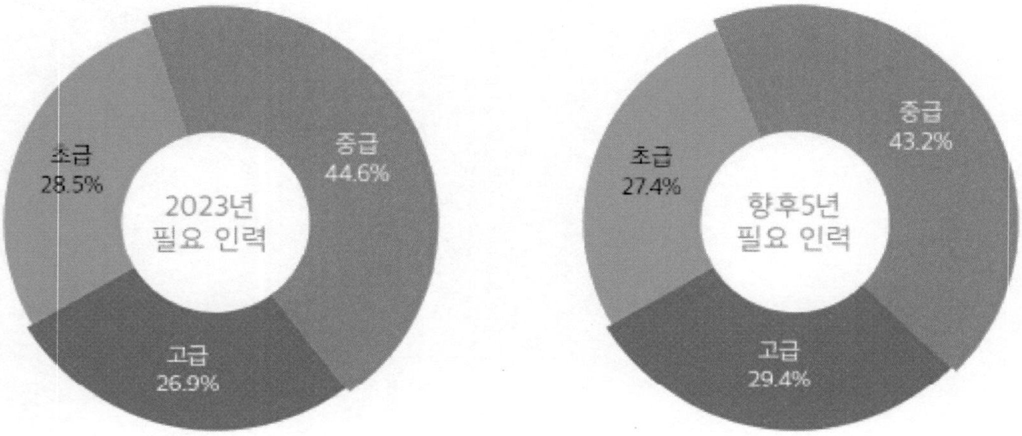

[그림 50] 향후 5년 내 데이터산업의 기술등급별 데이터직무 필요 인력 비중

데이터산업의 데이터직무 평균 부족률은 11.5%이며, 데이터 과학자의 직무 부족률이 34.5%로 가장 높게 나타났다. 이어서 데이터 개발자(14.7%), 데이터 분석가(14.6%), 데이터 컨설턴트(10.6%) 순으로 나타났다.

16) 2020 데이터산업 현황조사, 과학기술정보통신부

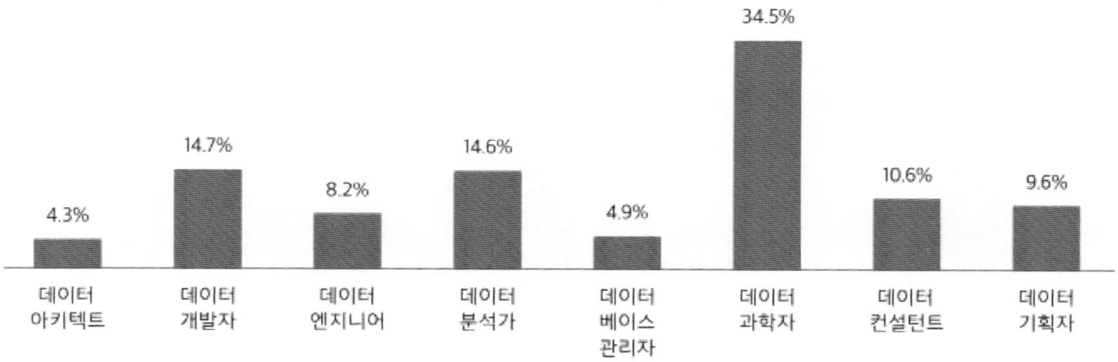

[그림 51] 향후 5년 내 데이터산업의 데이터직무 인력 부족률

구 분	데이터 처리 및 관리 솔루션 개발·공급업	데이터 구축 및 컨설팅 서비스업	데이터 판매 및 제공 서비스업	데이터산업 전체
데이터 아키텍트	7.3%	2.3%	8.0%	**4.3%**
데이터 개발자	24.2%	14.4%	8.6%	**14.7%**
데이터 엔지니어	21.3%	5.0%	5.8%	**8.2%**
데이터 분석가	20.9%	10.1%	16.4%	**14.6%**
데이터베이스관리자	7.9%	2.3%	6.8%	**4.9%**
데이터 과학자	39.3%	21.2%	46.9%	**34.5%**
데이터 컨설턴트	7.3%	4.2%	28.1%	**10.6%**
데이터 기획자	8.8%	6.9%	10.9%	**9.6%**
평균	**18.4%**	**8.8%**	**11.3%**	**11.5%**

[그림 52] 향후 5년 내 데이터산업의 데이터직무 인력 부족률

05

빅데이터 기업 동향

5. 빅데이터 기업 동향

가. 국외기업

1) Microsoft (미국)

[그림 54] Microsoft

Microsoft는 미국에 위치한 세계 최대규모 소프트웨어 기업으로 본사는 워싱턴주 시애틀 근처의 레드먼드(Redmond)에 위치해 있으며, 본사는 시애틀권에 있는 레드먼드에 있다. 1975년 빌 게이츠와 폴 앨런에 의해 1975년 설립되었으며, 현재 최고 경영자는 인도 출신으로 썬 마이크로시스템즈에서 몸담았던 사티아 나델라이다.

Microsoft는 지능형 클라우드 및 지능형 에지 시대에 경쟁할 소프트웨어, 서비스, 장치 및 솔루션을 개발하고 있다. Microsoft의 제품에는 고객에게 소프트웨어, 플랫폼, 콘텐츠를 제공하고 솔루션 지원 및 고객을 위한 컨설팅 서비스를 제공하는 클라우드 기반 솔루션이 포함된다.

Microsoft에서 제공하는 Azure Synapse Analytics는 데이터 통합, 엔터프라이즈 데이터 웨어하우징, 빅 데이터 분석을 결합한 무제한 분석 서비스다. 한국마이트로소프트에 따르면, 국내 여러 의료기관이 마이크로소프트 클라우드 기반의 인프라 혹은 소프트웨어를 사용하고 있다.

마이크로소프트는 2020년 10월 헬스케어 특화 클라우드를 출시하고 의료시스템 파트너는 물론 스위스계 제약사 노바티스 등 글로벌 의료사업자와 협력해 클라우드 기능을 고도화했다. 이를 기반으로 의료 데이터의 보안, 규정 준수, 상호 운용성 등을 지원하며, 대규모 의료 데이터를 관리하기 위한 역량을 의료기관에 제공한다.

마이크로소프트 클라우드 애저는 의사와 환자 간 원격진료에 필요한 기능을 갖춘 클라우드 기반 협업플랫폼 '팀즈'와 원격 의료현장에서 빠르고 안전한 진단과 진료를 돕는 혼합현실 디바이스 '홀로렌즈' 등 의료서비스에 특화된 다양한 솔루션과 연계한 시너지 창출도 가능해 국내에서도 그 수요가 꾸준히 늘고 있다.[17)]

또한, 마이크로소프트는 90개가 넘는 국제인증을 보유, 퍼블릭 클라우드 제공업체 가운데 가장 광범위한 수준의 컴플라이언스 인증을 갖춘 클라우드를 제공한다.

마이크로소프트는 글로벌 투자은행 모건스탠리와 전략적 클라우드 파트너십을 체결했는데, 이를 통해 마이크로소프트의 클라우드 및 산업 특화 경험과 모건스탠리의 금융 서비스 엔지니어링 전문 지식을 결합, 금융산업의 복잡성을 충족시키는 동시에 업계 혁신을 지원한다.

모건스탠리는 애저로 워크로드를 이전해 자사 IT 환경을 현대화하는 것을 넘어, 마이크로소프트와 함께 업계 당면 과제를 구체적으로 파악하고, 금융산업을 위한 서비스를 개발할 예정이다.

영국계 다국적 은행 스탠다드차타드는 애저를 활용해 오픈뱅킹과 실시간 결제 등 코어 뱅킹의 혁신으로 클라우드 기반의 BaaS(Banking as a Service) 실현을 추진 중이다. 또 네덜란드에 자리하고 있는 리스플랜은행, 미국 중소중견기업 전문 은행인 선웨스트은행 등도 애저 상에 IT 환경을 구축하고, 디지털 전환의 속도를 높이고 있다.

국내에서도 전체 혹은 일부 시스템을 마이크로소프트 애저로 전환하고, 신규 서비스를 출시하는 사례가 늘고 있다. 먼저 디지털손해보험사인 캐롯손해보험은 애저를 기반으로 전사 IT 환경을 조성했으며, 빅데이터 분석과 메인 시스템까지 클라우드 환경으로 구축했다. 이를 기반으로 지난해 2월에는 실제 운행 거리만큼 보험료를 내는 '퍼마일 자동차보험'을 국내 최초 출시했다.[18)]

또한, 대구한의대가 온라인 교육에 대한 확대 요구를 수용하고 온·오프라인 교육을 보다 효과적으로 지원하기 위한 포괄적인 교육시스템 구축을 위해 한국마이크로소프트, ㈜메디오피아테크와 업무협약을 체결하고 대학교육의 디지털전환 전략과

17) 대학병원 빅5 중 4곳이 MS 애저 사용 중, IT조선
18) MS, 클라우드 애저로 국내외 금융권 디지털 혁신 지원, 정보통신신문

모델개발, AI를 활용한 지능형 미래 캠퍼스 구축, 맞춤형 온·오프라인 통합 교육시스템의 연구 및 개발을 공동으로 추진하기로 하였다. 대구한의대는 클라우드 및 AI분야의 글로벌 빅테크 기업인 한국마이크로소프트와 K-LMS분야의 대표적인 에듀테크기업인 ㈜메디오피아테크와의 협력을 통해 미래형 교육환경을 선도할 지능형 온·오프라인 통합교육 시스템을 구축하고자 한다.[19]

19) 대구한의대, 한국마이크로소프트-㈜메디오피아테크와 양해각서 체결, 경북매일

2) AWS (미국)

[그림 55] AWS

AWS는 Amazon의 자회사이며 주로 웹 서비스 형태로 클라우드 컴퓨팅 서비스를 제공하고 있다. Amazon의 제품 포트폴리오는 컴퓨팅 성능, 스토리지, 데이터베이스, 네트워크 및 콘텐츠 제공, 개발자 도구, 관리 도구, 미디어 서비스, 분석 등으로 구성된다.

AWS는 국내·외를 통틀어 가장 많을 클라우드 서비스를 제공하고 있다. 클라우드 인프라 위에서 구동할 수 있는 데이터 분석 서비스 역시 가장 많다. AWS는 고객 활용에 맞춰 가용할 수 있는 서비스를 조합해 클라우드 기반 데이터 플랫폼을 공급하고 보안, 안정성 및 확장성과 리소스 모니터링 및 관리를 위한 다양한 도구의 이점을 누릴 수 있다.

AWS의 데이터 플랫폼 내 서비스로는 데이터 레이크를 구축하기 위한 'AWS 레이크 포메이션'과 데이터 웨어하우스 서비스 '아마존 레드시프트', 온프레미스의 절반도 안 되는 비용으로 페타바이트 규모의 데이터를 분석할 수 있는 '스파크 온 아마존 EMR', 데이터 마트와 데이터 레이크에서 손쉽게 데이터를 결합하고 이동 및 복제할 수 있는 'AWS 글루', 이러한 데이터 플랫폼 내 인프라 기반이 되는 '아마존 EC2' 등이 있다.

LG전자와 대한항공, 웅진씽크빅, 쿠팡 등이 이러한 서비스를 활용하고 있다. LG전자의 가전브랜드 'LG씽큐(ThinQ)'는 사물인터넷(IoT)에서 수집되는 데이터를 분석하기 위해 AWS의 클라우드 기반 데이터 플랫폼을 활용하고 있다. 처음 AWS는 LG씽큐의 디바이스에서 발생하는 데이터를 저장하는 방법에 대해 고민했다. 이와 관련, AWS의 한 솔루션즈 아키텍트는 "데이터 종류에 따라 DB를 다르게 구성했다. 데이터관리 시스템 '아마존 RDS'와 과거 사용되던 관계형DB, 키 값(Key-Value) 형태는 '다이나모 DB', 네이티브 저장방식으로는 '아마존 S3'를 사용했다. 각각의 DB를 하나의 데이터 허브에 연결해 단일 접점을 구성했고, 여기에서 데이터를 추출할 수 있도록 데이터 플랫폼을 구성했다. 특히, 이 과정에서 LG씽큐는 용도에 맞게 DB에 데이터를 저장했고, 데이터 허브 역할을 하는 '데이터 레이크'를 구성했다"고 설명했다.[20]

20) [기획특집] '클라우드 기반 데이터 플랫폼'으로 쉽고 빠르게 데이터 분석, 컴퓨터월드

3) Oracle (미국)

[그림 56] Oracle

오라클은 미국의 최대 소프트웨어 기업 중 하나이며, 1977년 래리 앨리슨, 밥 마이너, 에드 오츠에 의해 설립되었다. 플랫폼, 애플리케이션 및 인프라와 같은 기업 IT 환경의 요구 사항을 충족하도록 설계된 광범위한 제품, 솔루션 및 서비스를 제공하고 있다. 오라클의 제품 포트폴리오는 자율 데이터베이스, 개발자 도구, 엔지니어링 시스템, IT 인프라, Java 및 미들웨어로 구성된다.

오라클은 온라인 행사를 개최하고 '오라클 애널리틱스 클라우드' 기능 업데이트 내용과 웨스턴디지털, 킹골드 등의 사례를 발표했다. 오라클 애널리틱스 클라우드는 영국 공중보건국, 페덱스, 보다폰, 드롭박스 등에서 사용중이며, 빠르게 고객을 늘려가고 있다. 최근 잉글랜드 프리미어리그, F1 레드불 레이싱, 세일GP 등 대규모 스포츠 대회에 분석 기술을 제공하며 스포츠 이벤트를 더 풍성하게 만들고 있다.

오라클 애널리틱스 클라우드는 최근의 데이터 분석 트렌드를 반영해 업데이트되고 있다. 클라우드의 특성 덕분에 데이터 저장과 분석에 필요한 인프라 확보고민은 당연히 없다. 이젠 쉽고 빠르게 분석에 돌입할 수 있게 데이터 업로드, 분석, 탐색, 시각화 등이 매우 간단해졌다.

이에 더해 새로워진 오라클 애널리틱스 클라우드의 데이터 프로파일링 엔진은 데이터를 샘플링 및 스캔한 후, 신용카드 정보 또는 주민등록번호와 같은 민감한 정보의 난독화를 자동으로 제안하는 등 잠재적인 데이터 품질 문제를 사전에 식별하고 이를 사용자에게 알린다. 우편 번호와 더불어 도시, 인구, 소득, 민족 및 지불 데이터를 기반으로 심층적인 위치 분석이 가능하다. 사용자는 판매 지역, 배송 지역 또는 제품 카테고리와 같은 더 많은 비즈니스 특정 데이터를 업로드해 더욱 풍부한 데이터를 활용할 수 있다.

텍스트 분석 기능을 통해 사용자는 비구조화 데이터에서 단어를 추출한 뒤 그 개수를 세고, 결과를 시각화한 후, 관련 분석 결과를 원본 데이터와 결합해 세부적인 수준까지 내용을 확인할 수 있다. 예를 들어, 텍스트 분석을 기반으로 부정적, 긍정적, 중립적 댓글을 판단하는 감정 분석을 활용하면 설문 조사 또는 소셜 미디어의 텍스트를 기반으로 브랜드 인식과 제품 출시 성과를 직관적으로 이해할 수 있다.

프로그래밍에 익숙하지 않은 데이터 분석가는 오라클 애널리틱스 플랫폼에서 '노코드'나 '로우코드' 플랫폼을 활용해 데이터 기반 애플리케이션을 개발해 활용할 수 있다. AI 활용도 간단해졌다. 오라클 애널리틱스 클라우드와 오라클 자율운영데이터웨어하우스(DW)는 '오토ML'을 제공해 데이터 과학자뿐 아니라 시민 분석가, DB 엔지니어, 일반 개발자, 현업 담당자도 AI를 활용한 데이터 분석을 할 수 있게 돕는다.

특정 결과를 예측하는 과정에서 머신러닝 모델에 영향을 미치는 요인에 대한 간단한 설명을 사용자에게 제공한다. 또한, 이러한 요인을 결정하는 모델과의 상호작용을 통해 결과를 정밀하게 조정하는 것도 가능하다. 예를 들어, 사용자는 은행 대출 신청 거절에 영향을 준 모든 요인 중 가장 결정적인 요인과 그 이유를 빠르게 확인할 수 있다.

연관 규칙 학습이라고도 불리는 데이터 마이닝 기술을 기반으로 자주 함께 등장하는 항목 세트를 식별, 데이터 간 관계를 도출한다. 선호도 분석을 활용하는 일반적이고 유용한 애플리케이션은 소비재 또는 소매금융의 장바구니 분석으로, 사용자는 소비자가 여러 제품을 동시에 구매할 확률을 기반으로 마케팅 결정을 내릴 수 있다. 소매 업체 역시 프로모션 전략을 개발하는 과정에서 제품 판매 확대를 위해 인기있는 조합을 살핀다. 예를 들어, 시리얼을 구매하는 소비자의 경우 우유도 동시에 구매하는 경우가 많은데, 이러한 동시 항목 발생에 대한 이해를 기반으로 소매 업체는 매장 레이아웃, 쿠폰 제공 및 교차 판매를 효율적으로 관리할 수 있고, 이는 직접 마케팅, 판촉 및 비즈니스 트렌드 발견에도 유용하게 작용한다.

오라클 애널리틱스 클라우드는 자연어 입력과 더불어, 쿼리 결과를 설명하는 자연어 설명 출력 기능도 지원한다. 내장된 자연어 생성 엔진은 사용자의 데이터 맥락 이해를 돕고, 이를 기반으로 데이터를 추가하고 필터를 변경하거나, 혹은 일반적인 데이터 검색 및 분석 프로세스에서와 같이 컨텍스트를 변경함으로써 내러티브를 자동으로 업데이트한다.

그래프 분석은 이용자와 트랜잭션 간의 연결, 또는 네트워크 상에서 두 허브 사이의 최단 거리와 같은 데이터 관계를 시각적으로 제시한다. 오라클 애널리틱스 클라우드를 활용하면 누구나 자율운영 데이터 웨어하우스에서 그래프 데이터를 간편하게 분석할 수 있다. 해당 기능은 마케팅이나 소셜 미디어에서 보안 및 컴플라이언스 준수에 이르기까지 다양한 영역에서 강력한 애플리케이션을 제공한다. 예를 들어, 경로 찾기를 활용해 사용자가 두 지점 사이의 최단 경로를 찾을 수 있고, 그래프 분석을 기반으로 웹 사이트의 중요도를 측정하고 순위를 지정하는 것 역시 가능하다.

사용자 정의 맵 분석은 사용자가 사용자 정의 이미지를 맵 배경으로 적용 및 맵 레이어를 생성함으로써 데이터 시각화를 개선하도록 한다. 예를 들어, 의사는 주의가 요구되는 영역을 식별하고 약물 또는 기타 치료의 영향을 시각적으로 추적하기 위해 인체 이미지 관련 데이터를 시각화 할 수 있다. 맵을 불러오기 위해서는 오라클 애널리틱스 클라우드를 활용하거나, WMS 프로토콜 및 XYZ 타일 레이어를 사용해 동적인 배경의 맵을 웹 서버에서 호스팅할 수 있다. 또한 고객은 날씨 및 건물 설계도와 같이 기업이 접근하기 어려운 지도 정보를 활용하고 이를 비즈니스 데이터와 손쉽게 곁들여 제시할 수 있다.[21)]

21) 오라클 클라우드, DB에서 분석으로 질주, ZDnet

4) 구글 (Google)

[그림 57] 구글

Google의 제품 혁신은 서비스 사용을 증가시켰으며 세계에서 가장 인정받는 브랜드 기업 중 하나다. 핵심 제품 및 플랫폼에는 Android, Chrome, Gmail, Google 드라이브, Google 지도, Google Play, 검색 및 YouTube가 포함되며 각 제품에는 매달 10억 명 이상의 활성 사용자가 있다.

메일, 크롬, 지도, 어스, 포토 등 다양한 구글 서비스들이 있으며 '전 세계의 모든 정보들을 체계화하여 모든 사용자가 유익하게 사용할 수 있도록 한다'라는 사명을 가지고 사업을 하고 있다.

최근 구글은 사용자의 검색을 바탕으로 한 빅데이터를 분석하여 트렌드를 비교할 수 있는 구글 트렌드를 개발했다. 구글이 미국 질병통제예방센터보다 일주일에서 열흘 정도나 앞서 전 세계 독감 유행 상황을 짚어낼 수 있는 것도 빅데이터를 활용했기 때문이다. 구글이 미국 보건당국보다 더 빠르게 독감을 예보한다는 사실은 황당하게 들릴 수 있다. 구글은 독감 증세 환자가 늘면 '감기'와 관련된 단어를 검색하는 빈도가 함께 증가한다는 패턴을 발견했다. 이를 미국 질병통제예방센터 데이터와 비교해본 결과 검색 빈도와 실제 독감 증세를 보인 환자 숫자 사이에 밀접한 상관관계가 있다는 사실을 밝혀냈다. 구글은 이 같은 분석을 바탕으로 웹사이트를 통해 시간 및 지역별 독감 유행 정보를 미국 보건당국보다 한발 앞서 제공했다.

구글이 지난 2008년부터 선보인 '독감 트렌드' 서비스는 전 세계 각지에서 '독감 증세', 독감 치료'등 독감과 관련된 검색어의 입력 빈도를 지역별로 파악해 독감 유행 수준을 '매우 낮음'부터 '매우 높음'까지 5개 등급으로 구분해 표시한다. 특정 지역에서 발열이나 기침 등 독감 관련 검색이 늘어나면 검색어와 관련된 IP주소를 지도에 추가해 해당 지역의 독감 유행 수준 등급이 거의 실시간으로 표시된다.

구글 독감 트렌드 등은 보건의료 분야에서 빅데이터의 활용 가능성을 보여주는 중요한 사례이다. 기존의 관리, 분석 체계로 저장이나 분석이 힘든 대용량의 데이터를 잘만 활용하면 맞춤 의료와 질병 예방 등의 가치를 창출할 수 있음을 보여주는 것이다.

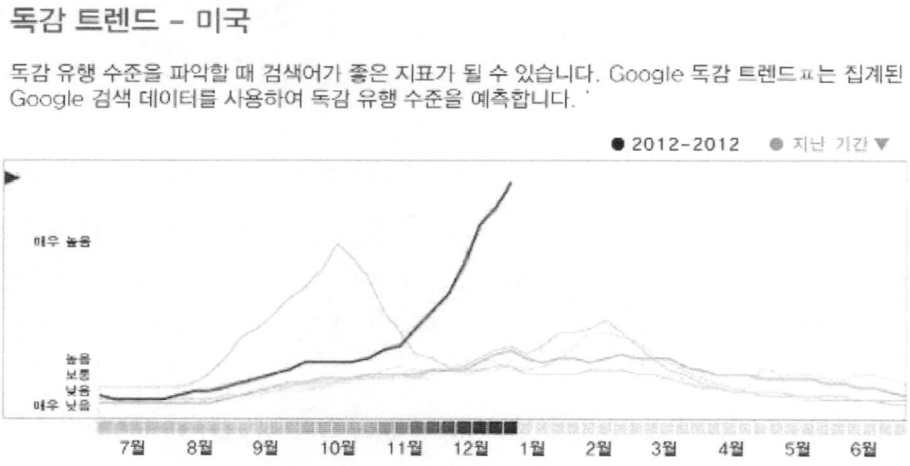

[그림 58] 구글 독감 트렌드

[그림 59] 독감 유행 수준 등급

또한, 구글의 자동 번역 프로그램도 빅데이터 활용 사례에 속한다. 구글은 유럽에서 사용되는 20개 언어로 작성된 문서·도서 수십억 장을 활용한 서비스로 성공을 거뒀다.

올 2023년에는 구글이 자사 인공지능(AI) 기술 개발 방향을 기후AI, 생성AI, 헬스AI 등 세 가지로 잡고 시장 공략과 사회 공헌에 나서기로 했다. 현재 자사의 거대언어모델(LLM) '팜(PaLM) 2'를 활용한 챗봇 솔루션 '바드(Bard)'를 내놓고 챗GPT가 선점한 생성AI 시장을 공략하고 있다. 여기에 또 기후 위기를 해결하는 AI로 보다 나은 사회를 만드는 데 공헌하겠다는 계획이다.

특히 구글은 '그린라이트(Greenlight)'프로젝트를 통해 세계 탄소 배출 감소에 기여하고 있다. 차량에서 나오는 탄소를 환경 오염의 주변으로 보고, 교통 흐름을 AI로 분석해 탄소 배출을 줄이는 프로젝트다. AI 분석을 통해 교차로의 초록불 시간을 조정함으로써 자동차 배기가스에 따른 탄소 배출을 줄일 수 있었다. 자카르타에서는 이미 15%의 배출 감소 효과가 확인됐다. [22)]

22) 구글 "기후와 의료에도 AI 활용…협업으로 혁신 이뤄야", Byline Network

5) IBM (미국)

[그림 60] IBM

IBM은 천공 카드 시스템을 고안한 허먼 홀러리스가 1896년 창설한 제표기기회사가 1911년에 국제시간기록회사, 컴퓨팅 스케일 컴퍼니, 번디 제조회사와 합병해 세운 전산제표기록회사(CTR)가 이 회사의 전신이다.

실험 기반에서 디지털 재창조에 초점을 맞춘 하이브리드 클라우드 기반 AI 기반 애플리케이션으로 개발을 전환했다. IBM의 제품 포트폴리오에는 분석 클라우드 플랫폼, 블록체인 플랫폼, Watson 사물인터넷(IoT) 플랫폼 및 Watson Customer가 포함된다.

기존 데이터 라이프사이클 구조는 데이터생산자와 사용자 사이에 데이터 전환을 위한 중간단계를 거쳐야했다. 생산자마다 동일한 형태의 시스템이 중복되면서, 생산데이터가 늘어날수록 관리 복잡도가 기하급수적으로 늘어나고 유지관리도 점차 어려워졌다.

IBM은 이를 개선해 데이터와 AI를 효율적으로 이용하고 관련 팀원간 연계 효율을 높일 수 있도록 데이터 패브릭과 팀플레이를 도입한 클라우드 팩포데이터를 선보였다.

데이터 패브릭은 클라우드 환경에서 각기 다른 위치의 리소스를 하나의 플랫폼에 통합시키고 데이터 관리를 단순화한다. 에지-클라우드 환경 어디서든 손쉽게 데이터를 액세스하고 공유할 수 있는 일관된 데이터 관리 프레임워크를 구축할 수 있도록 돕는다. 또한 데이터 가상화를 통해 모든 데이터를 논리적으로 통합해 사일로를 방지하고, 데이터 이동 등으로 인한 관리 비용을 절감한다.

IBM은 오토AI, 오토프라이버시, 오토카탈로그, 오토SQL등 데이터 패브릭을 위한 자동화 기능도 추가했다. 메터데이터 자동 분류, 품질 등을 자동 관리하는 데이터 옵스와 간단하게 AI 솔루션을 만들고 배포할 수 있는 ML옵스 등도 선보인다.[23)]

한국IBM이 과학기술정보통신부 국립전파연구원 우주전파센터가 IBM 엘라스틱 스토리지 시스템(IBM Elastic Storage System, 이하 ESS)을 성공적으로 도입했다고 밝혔다. 우주전파센터는 태양 활동이 지구에 미치는 영향을 감시하고, 우주전파 재난을 예측하고 경보 상황을 즉시 전달하는 서비스를 구축하고자 빅데이터 용 스토리지로 IBM ESS를 도입했다. 태양활동이 활발해지면 지구 자기장 및 전리층을 교란시켜 위성, 항법(GPS), 통신, 방송 등에 혼선 및 오류를 야기한다. 이에 우주전파센터는 다가오는 태양활동 극대기(2024년~2026년) 기간에 발생할 수 있는 우주전파 재난으로 인한 산업 피해 예방을 위한 기반 조성 사업의 일환으로 고도화 작업을 진행했다.

우주전파센터는 공개 소프트웨어 기반의 소프트웨어 정의(SDC) 클라우드 컴퓨팅을 통한 전용 프라이빗 클라우드 환경을 우주전파환경 예·경보시스템에 적용할 방침이다. 또한, 고성능 컴퓨팅(High Performance Computing) 분야에서 IBM ESS 스토리지 및 IBM 스펙트럼 프로텍트(IBM Spectrum Protect) 백업 솔루션, 머신러닝 GPU 등을 도입해 인공지능 환경을 구축한다.

아울러, 정보자원 수명주기 전체를 운영관리 할 수 있는 통합운영 플랫폼을 구현하기 위해 공개 소프트웨어를 활용한 통합개발환경(IDE), 소스 형상관리, 빌드, 배포 관리 등을 수행하는 서비스형 플랫폼 환경(PaaS)을 구현할 예정이다.

우주전파센터의 통합 데이터 저장 솔루션으로 선정된 IBM ESS 스토리지는 인공지능(AI) 및 빅데이터 분석에 최적화된 고성능 스케일아웃 스토리지다. 높은 입출력 성능을 요구하는 인공지능, 대용량 데이터 처리 워크로드에 최적화되어 있다. 아울러 장애 발생 시 신속하고 편리한 데이터 복원을 통해 빠른 시간 내 서비스 재개가 가능하도록 지원한다. [24)]

IBM은 23년 5월 연례행사인 '씽크(THINK)'에서 공개했던 차세대 데이터 및 AI플랫폼

23) "불확실한 미래, 데이터와 AI가 성공의 열쇠", ZDnet
24) 한국IBM, 우주전파환경 경보시스템 고도화 위한 빅데이터용 스토리지 지원한다, HelloT,

'왓슨X' 제품군을 정식 출시했다.

왓슨x.ai는 파운데이션 모델, 생성형 AI, 머신 러닝 모델 등 AI를 쉽게 교육, 검증, 조정, 배포할 수 있게 하는 AI 스튜디오다. 왓슨x.데이터는 데이터 레이크의 유연성과 데이터 웨어하우스의 성능을 갖춘 맞춤형 데이터 저장 플랫폼이다.

AI 개발자는 '왓슨x.ai'를 통해 IBM과 허깅페이스 커뮤니티에서 제공하는 파운데이션모델을 활용할 수 있으며, 이 모델들은 질문과 답변, 콘텐츠 생성·요약, 텍스트 분류·추출을 포함한 다양한 NLP(자연어처리) 유형 작업을 지원하도록 사전 학습됐다. 향후 발표될 버전에서는 AI를 개별 영역 및 업무에 특화할 수 있도록 IBM에서 학습시킨 더 많은 종류의 고유 파운데이션모델을 제공할 예정이며, 맞춤형 사례를 위해 1000억개 이상 파라미터 모델을 운영하는 데 집중한다는 계획이다. 25)

25) IBM, '왓슨x.ai'·'왓슨x.데이터' 정식 출시, ZDNET Korea

나. 국내기업

1) 바이브컴퍼니[26]

[그림 61] 바이브컴퍼니

바이브컴퍼니는 2000년 7월 다음커뮤니케이션에서 분사하여 수년간 연구해온 자연어처리기술(Natural Language Processing)을 기반으로 비정형 빅데이터 수집, 검색, 분석 등을 전문으로 하는 기업이다.

바이브컴퍼니는 빅데이터라는 용어조차 생소하던 2001년 빅데이터 사업을 시작, 비정형 데이터 양과 영향력이 폭발적으로 늘어날 것으로 보고 데이터 수집과 분석에 집중해왔다. 또한 전체 인력의 10%이상이 박사급 R&D(연구개발) 전문 인력이다.

바이브컴퍼니는 국내 최초 빅데이터 기업이다보니 보유한 데이터 양도 방대하다. 2001년부터 수집한 데이터가 5TB(테라바이트), 분석결과량도 1PB(페타바이트)에 달한다. 1PB는 종이신문 1조장에 달한다. 국내 주요 대기업과 금융회사, 공공기관 등 다양한 고객사를 확보하고 있다. 2020년과 2022년에는 과학기술정보통신부가 주관하는 인공지능 학습용 데이터 구축 지원 사업을 성공적으로 마무리하기도 했다.[27]

최근에는 비정형 데이터뿐 아니라 정형 데이터 분석에서 성과를 내고 있다. AI를 활용해 주가 흐름을 학습하고 자동으로 주식을 거래하는 로보어드바이저를 개발해 금융위원회 인증을 받았고, SK텔레콤, BC카드와 협업해 통신, 신용카드 데이터와 교차분석을 통한 사회트렌드도 분석하고 있다. 또한, 데이터 검색 및 분석, 인사이트를 발굴하는 솔루션과 챗봇(채팅로봇)을 이용한 자연어 기반 사용자 인터페이스 솔루션을 제공하고, 방대한 소셜데이터를 수집·분석해 최신 이슈와 개별주제어 관련 정보를 제공하는 소셜메트릭스 서비스도 제공한다. 소셜데이터를 바탕

26) 바이브컴퍼니 홈페이지
27) 바이브컴퍼니, 한국형 생성 AI 언어 모델 'VAIV GeM' 공개...보안 및 환각 이슈 해결!, 인공지능신문

으로 사회현상을 분석하고 인사이트를 포함한 리포트도 만든다.

올해 6월에는 독보적인 자사 AI 기술력을 바탕으로 맞춤형 LLM인 바이브GeM과 차세대 뉴럴서치 엔진인 바이브 서치(VAIV Search) 등 다양한 솔루션을 공개한 바 있다. 바이브가 공개한 바이브GeM 기반의 솔루션들은 보안 문제나 할루시네이션 이슈 및 최신 데이터 부재 등 생성형 AI가 직면한 문제들을 보완한 것이 특징이다. [28]

28) 바이브컴퍼니, 네이버·KT와 중소·벤처기업에 초거대 AI 제공, FETV

2) 데이터솔루션 [29]

[그림 62] 데이타솔루션

데이타솔루션은 IT솔루션·서비스 전문기업인 오픈에스앤에스와 예측분석 소프트웨어 전문기업인 데이타솔루션이 2016년 합병해 새롭게 출범한 기업으로, 합병 전 데이타솔루션은 지난 20년 간 IBM의 통계 분석 소프트웨어인 SPSS와 데이터마이닝 소프트웨어인 모델러(Modeler)를 국내에 공급해 왔고 여러 컨설팅을 진행하며 정형 데이터 기반의 예측 분석컨설팅 사업을 영위했다. 합병 전 오픈에스앤에스는 자체 개발한 검색엔진 ‘엑스텐(XTEN)’과 빅데이터 분석 플랫폼인 ‘빅스테이션(BigStation)’을 통해 행정안전부, 대법원 등 주요 공공, 금융기관의 시스템 통합사업을 수행해 왔다.

통합된 데이타솔루션은 현재 데이터, 인프라, 서비스 사업을 영위하고 있다. 데이터부문은 예측분석 소프트웨어 및 솔루션, 예측분석 컨설팅, 빅데이터 솔루션 사업, 교육 및 출판사업 등 데이터의 컨설팅, 분석, 구축 및 운영에 이르는 데이터 솔루션 사업을 진행하고 있다.

인프라 부문은 데이터의 수집 및 저장에 필요한 스토리지, 서버 및 네트워크, 가상화 플랫폼, 클라우드 포털 솔루션을 제공하고 있다. 또 서비스 부문은 SI 서비스, SM, ICT 컨설팅과 IoT 솔루션 기반의 여러 서비스 사업을 수행한다.

데이타솔루션은 행정자치부의 ‘빅데이터를 활용한 과학적 행정’ 구현을 위한 정부3.0 빅데이터 분석 사업을 비롯해 공공기관과 금융기관의 다양한 빅데이터 플랫폼 구축 사업에 참여했다. 또 행정자치부의 민원24, 기상청의 기상기후 빅데이터 시스템, 대법원 종합법률정보센터 등을 구축했다.

데이타솔루션은 올해 4월 ‘VM웨어코리아 2023 파트너 어워드’에서 ‘올해의 파트너 밸류(Partner Value of the Year)’ 상을 받았다. VM웨어 솔루션을 활용한 클라우드

29) 데이타솔루션, "국내 빅데이터 선도 기업으로 도약할 것", 조선비즈,

및 VDI 포털 서비스 '쿠니(CUNi)', '스톤즈(Stones)' 솔루션과 '탄주DT 케어 팩(Tanzu Digital Transformation Care Pack)'을 개발해 고객이 클라우드 PaaS(서비스형 플랫폼) 및 MSA(MicroService Architecture) 기반 클라우드 네이티브 애플리케이션을 도입하고 운영하는 데 도움을 주는 맞춤형 서비스를 제공하였으며, 금융권 클라우드 플랫폼을 성공적으로 구축하며 많은 고객들로부터 호평을 받았다. [30)]

30) 데이타솔루션, VM웨어 2023 파트너 어워드서 '올해의 파트너 밸류' 수상, IT데일리

3) 엑셈 [31]

[그림 63] 엑셈

엑셈은 2001년 한국 오라클 출신의 튜닝 전문 컨설턴트들을 주축으로 설립한 IT 시스템 성능관리 소프트웨어 전문기업이다. 데이터베이스 모니터링, 튜닝, 웹서버 성능관리 소프트웨어, 빅데이터 플랫폼 연구 및 개발 등을 주력사업으로 하고 있으며, 제품으로는 맥스게이지와 플라밍고, 인터맥스 등이 있다. 기타사업으로는 독자 콘텐츠 공유를 위한 지식 백과사전인 엑셈 백과사전과 엑셈 아카데미 운영, 웨비나를 통해 무료로 온라인 지식 공유 서비스 운영하고 있다.

엑셈은 데이터베이스 성능 솔루션 분야에서 국내 최초로 '맥스게이지'를 개발했다. '맥스게이지'는 국내 유일한 국산 성능관리도구로서 특허와 NT, LT, IT, 장영실상, 조달청 우수제품 선정의 다양한 인증과 수상을 거머쥔 엑셈의 대표 제품이다. 2006년부터 시장 점유율 1위를 기록하고 있으며, 현재 삼성전자를 비롯하여 약 400여 곳의 고객사를 보유중이다.

2011년 6월 <오라클 성능 트러블 슈팅의 기초>를 발간했다. 2012년 9월 '2012 대한민국 IT 이노베이션 대상'에서 지식경제부장관상을 수상하고, 10월에는 GWP코리아가 주관한 '대한민국 일하기 좋은 100대 기업'에 선정되었다. 2013년 1월 미국 AT&T사에 DB성능관리 솔루션 '맥스게이지'를 공급했다. 2014년 5월 엑셈USA(현, MAXGAUGE, INC.)를 설립했다.

2015년에 (주)교보위드기업인수목적과 스펙 합병후에 코스닥시장에 주식상장이 이뤄졌으며, 같은해 7월 DB 보안업체 (주)신시웨이를 인수했다. 12월에는 빅데이터 플랫폼 회사인 (주)크라우다인을 인수하며 본격적으로 빅데이터 시장에 진출했다.

---

31) 엑셈, 네이버 지식백과

현재 자회사로 엑셈 재팬, 차이나, 미국법인인 MAXGAUGE, INC. 2015년에 인수한 신시웨이 등을 보유하고 있다.

4) 소프트센

[그림 64] 소프트센

소프트센은 1988년 설립된 정보통신 솔루션 전문업체이며, 빅데이터, 클라우딩 솔루션을 제공하는 회사이다. 대표 제품으로는 소프트센에서 자체 기술로 개발한 의료정보 빅데이터·AI 솔루션 '빅센메드'가 있다. '빅센메드'는 데이터를 수집해 분석하는 의료정보 빅데이터 솔루션으로 병원 내에서 축적된 수많은 의료데이터를 토대로 유의미한 데이터를 찾아내 의료진에게 편리하게 공급하는 최첨단 빅데이터 분석 시스템으로 현재 주요 대형병원과 국·공립 병원에 공급되고 있다.

빅센메드CDW는 강남세브란스병원에서 체크업 빅데이터 분석시스템을 구축하고 있으며, 국립암센터에서는 국가암데이터센터 구축 1~2단계 사업을 진행했고, 울산대학교병원에서 임상데이터웨어하우스를 구축하였으며, 경북대학교병원에서 임상데이터분석시스템 구축 등에 도입되는 등 다양한 의료 분야에서 활약하고 있다.

소프트센은 빅데이터 솔루션, 빅데이서 서비스, IT솔루션, IT인프라 등을 주력 사업으로 진행하고 있으며, 주로 의료 분야의 빅데이터에서 강점을 보이고 있습니다.
최근에는 소프트센과 아이티센그룹이 보유하고 있는 빅데이터 및 인공지능 교육 의료사업의 해외시장 진출을 본격화하기 위해 홍콩 소재의 텐클라우드 지분 60%를 145억원에 인수하며, 중화권을 중심으로 해외사업을 확장시키고 있다.

2023년 3월, 소프트센은 CJ올리브네트웍스와 식품 검사용 엑스레이 사업 협력을 위한 업무협약을 체결했다. 소프트센은 이 협약을 통해 기존 이차전지 분야는 물론 식품 업계까지 엑스레이 검사 장비를 확대 공급하는 데 주력하며 중국, 베트남, 유럽 등으로 식품 검사용 엑스레이 검사 장비 시장을 계속 확장해 나갈 예정이다.[32]

32) 소프트센, CJ올리브네트웍스와 '식품 검사용 엑스레이 사업 협력' 업무협약, 비즈니스플러스

06

빅데이터 산업 정책 현황

6. 빅데이터 산업 정책 현황 33)

가. 해외 데이터산업 정책 현황

1) 미국

미국 연방정부는 일찍부터 빅데이터 기반의 생산성 향상과 혁신 창출 가능성을 확인하고 국가의 당면 과제 해결에 빅데이터를 적극 활용할 것을 견지해왔다. 오바마 정부에서는 다양한 부처가 참여하는 2억 달러 규모의 '빅데이터 연구개발 이니셔티브(Big Data Research and Development Initiative, 2012.03)'를 시작으로 다양한 정책이 시행되었다.

우선 '빅데이터 연구개발 이니셔티브'에는 데이터에 대한 접근, 수집 및 관리에 요구되는 기술과 수단을 개선하는 데 목표를 두고, 빅데이터 기술 발전과 인력 확보, 혁신 프로세스 가속화 등을 추진한다는 내용을 담았다. 이와 함께 '네트워킹 정보기술 연구개발 프로그램'(Networking and Information Technology Research and Development, NITRD)의 일환으로 '빅데이터 고위 운영그룹(Big Data Senior Steering Group)'을 설치하고 연방정부의 빅데이터 계획이 동 그룹을 통해 주도적으로 추진되도록 했다.

2016년 5월 NITRD는 '연방 빅데이터 연구개발 전략계획'(Federal Big Data Research & Development Strategic Plan)을 통해 빅데이터 핵심 기술 역량 확보, R&D 지원, 연구 인프라 구축, 데이터 공유 및 관리 촉진, 프라이버시 및 데이터 보안 강화, 빅데이터 인력 양성 및 혁신 생태계 강화 등을 시행한다고 밝힌 바 있다. 또한 오바마 정부는 취임 직후부터 '열린 정부(Open Government)'라는 기치 하에 정부 데이터를 민간이 적극 활용할 수 있도록 하는 오픈데이터(Open data) 정책을 적극 추진했다.

미국은 마이크로소프트(Microsoft), 구글(Google) 등 거대 IT 기업이 이미 글로벌 데이터 시장에서 우위를 점하고 있으며, 시장 경제 중심의 산업 성장을 정책적 기조로 삼고 있기에 정책 및 규제는 최소화하고 있다.

---

33) 데이터산업백서

동시에 연방 기관의 데이터 거버넌스 구축 및 성숙화, 데이터 인재 양성, 관련 기술 개발, 기관별 과제 분배 등을 통해 연방 기관의 데이터 역량 향상과 데이터산업의 질적 성장을 위한 제도 정비를 진행 중이다.

최고데이터책임자위원회는 '연방데이터 전략(FDS, Federal Data Strategy)'을 발표하여 연방 기관 중심의 미국 데이터산업 육성 정책의 기본 방향을 설정하고, 매년 '연방데이터 전략 실행계획(FDS Action Plan)'을 새롭게 발표하며 전략을 갱신하고 있다.

'연방데이터 전략'은 연방 기관이 데이터 윤리(Data Ethics)를 준수하며 연방 기관 내 데이터 기반 의사결정(Data-Driven Decision Making) 체계를 구축 및 활성화하고 범정부적 과제를 달성하여 공익을 실현하는 것을 목표로 한다.

2021년 10월 발표된 '연방데이터 전략 실행계획'에는 인공지능 및 자동화 기술 개발, 정부 차원의 데이터 활용 인프라 구축, 데이터 스킬 강화, 그리고 산불 데이터와 지형, 공간 데이터 관리 등의 내용이 포함되었다. 이러한 '연방데이터 전략'을 반영하여 각 정부 부처별로 세부 실행과제를 포함한 후속 정책이 나오고 있다. 34)

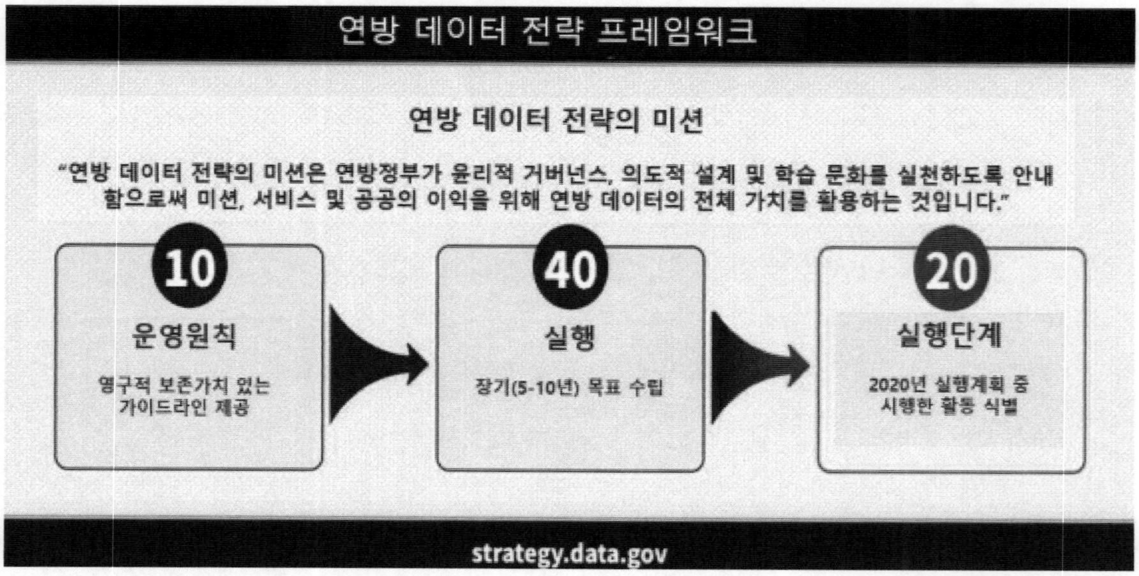

[그림 66] 연방 데이터 전략 프레임워크

34) 2022년 해외 데이터 관련 정책 및 법제도 현황 , DX. 타임즈

2022년 6월 미국 노동부(United States Department of Labor)는 '전사적 데이터 전략(Enterprise Data Strategy)'을 발표하였다.

해당 전략은 노동부의 데이터 거버넌스(Data Governance)3)를 강화하며, 데이터 인프라를 현대화하는 전략적 목표를 가지고 있다. 노동부뿐만 아니라 법무부(United States Department of Justice), 농무부(United States Department of Agriculture), 상무부(United States Department of Commerce), 국무부(United States Department of State) 등의 주요 연방 기관들이 기관 내 데이터 역량 향상을 위한 데이터 전략을 발표하고 있다. 이외에도 연방 기관이 참여하는 미국의 데이터 인프라 정책인 '데이터센터최적화 이니셔티브(DCOI, Data Center Optimization Initiative)'를 통해 데이터 센터의 통합, 비용 및 에너지 효율화를 추진하여 데이터산업의 질적 성장을 지원하고 있다.[35)]

---

35) 2022 데이터산업 백서

[그림 67] 미국 연방 데이터 전략의 2020년 실천계획 개요

2) 유럽

가) EU

EU는 2002년 공공부문 정보의 재사용과 관련한 공공부문 정보 전문가 그룹(Expert Group on Public Sector Information, PSI Group) 설치를 시작으로 데이터 정책에 시동을 걸기 시작했으며, 유럽연합 중심의 통합형 데이터 생태계 구축을 위해 유럽연합 내 데이터 경제를 활성화하고 미국과 중국의 빅테크 기업이 선점하고 있는 글로벌 데이터 시장에서 경쟁력을 확보하고 있다.

2014년, 디지털 경제 활성화에 중점을 둔 '데이터 주도경제(Data-driven Econommy)', 2017년 '유럽 데이터 경제(European Data Economy)'를 거쳐 2020년 2월에는 유럽 데이터 전략(A European Strategy for Data)'을 발표했다. EU는 디지털 단일 시장(Digital Single Market Strategy for Europe) 구축을 목표로 AI 및 데이터 전략을 추진하고 있다.

유럽은 '데이터 전략'을 새로운 디지털 전략 중 한 축으로 삼고 향후 5년 간 유럽의 디지털 전환을 위한 프레임워크로 활용할 계획이다. 이번 전략은 산업 및 상업데이터(industrial and commercial data)가 디지털 경제를 이끌어가는 주요 동인이라는 점을 강조하고, 데이터를 생산하는 주체에 대한 규제 적용과 동시에 경제·사회적 가용성 제고를 선언했다. 우선 데이터 단일 시장(single market for data) 창출을 위해 역내 및 부문 간 데이터 흐름이 '모두의 편익'을 위해야 하며, 데이터 규정, 특히 프라이버시 및 데이터 보호, 경쟁법 등을 충실히 준수해야 한다는 점을 강조하고 있다. 더불어 데이터 접근 및 사용 규정은 공정성, 실용성, 명확성을 담보해야 한다고 명시하고 있다.

이와 함께 데이터 단일 시장 구축을 위해 시행되는 새로운 조치들이 담아야 할 4가지 축(pillar)을 제시하고 있다. 구체적으로 살펴보면 다음과 같다. 첫째, 데이터 접근 및 재사용에 관한 분야 횡단적 거버넌스 프레임워크 구축으로 유럽 공통의 데이터 스페이스(common European Data Space)의 거버넌스를 위한 법제 프레임워크 제안('20), 고가치 데이터세트 관련 실행규정(implementing act) 채택('21), 데이터 법안(Data Act) 제출('21), 디지털 경제에서 데이터의 중요성 분석 및 디지털 서비스법(Digital Service Act) 패키지와 관련해 기존 정책 프레임워크 검토

('20) 등을 주요 실천사항으로 제시하고 있다.

둘째, 데이터에 대한 투자와 데이터 호스팅·처리·활용·상호운용성 역량 및 인프라 강화다. 이와 관련해서는 데이터 공유 아키텍처, 거버넌스 메커니즘, 유럽 클라우드 인프라·서비스 연동(federation) 등을 포함하는 유럽 데이터 스페이스 관련 투자기금조성('22년), 클라우드 연동에 관한 회원국 양해각서 체결('20), 유럽 클라우드 서비스 시장(marketplace) 출범, EU (자율)규제적 클라우드 규정집 작성('22) 등이 제시됐다.

셋째, 개인의 자기 데이터에 대한 권한 강화 및 스킬·중소기업 투자 등을 통한 역량 개선으로 일반 데이터 보호규정(GDPR) 20조 하에서 개인의 정보 이동권(portability right)을 강화해 기계가 생성하는 데이터에 대해 접근 및 사용하는 자에 대해 더 많은 통제가 가능하도록 조치할 예정이다. 이는 2021년 데이터법 일환으로 시행이 가능할 것으로 보고 있다.

마지막으로 전략 부문 및 공공 영역에서 유럽 공통의 데이터 스페이스 활성화다. 여기에서는 데이터의 흐름 및 경제적 가치를 측정할 수 있는 프레임워크 창출('21)을 계획하고 있다. 공공 영역으로 제시된 분야는 제조, 그린딜, 이동성, 건강, 금융, 에너지, 농업, 공공행정, 스킬 등이다.

구분	주요 내용
데이터 접근 및 재사용에 관한 분야 횡단적 거버넌스 프레임워크 구축	• 유럽 공통의 데이터 스페이스(common European Data Space)의 거버넌스를 위한 법제 프레임워크 제안('20) • 고가치 데이터세트 관련 실행규정(implementing act) 채택('21) • 데이터 법안(Data Act) 제출('21) • 디지털 경제에서의 데이터의 중요성 분석 및 디지털 서비스 법 (Digital Service Act) 패키지와 관련해 기존 정책 프레임워크 검토('20)
데이터에 대한 투자와 데이터 호스팅·처리·활용·상호운용성 역량 및 인프라 강화	• 데이터 공유 아키텍처, 거버넌스 메커니즘, 유럽 클라우드 인프라·서비스 페더레이션(federation) 등을 포함하는 유럽 데이터 스페이스 관련 하이 임팩트 프로젝트 투자('22) • 클라우드 페더레이션에 관한 회원국 양해각서 체결('20) • 유럽 클라우드 서비스 시장(marketplace) 출범 • EU (자율)규제적 클라우드 규정집 작성('22)
개인의 자기 데이터에 대한 권한 강화 및 스킬·중소기업 투자 등을 통한 역량 개선	• 일반 데이터 보호규정(GDPR) 20조 하에서 개인의 정보 이동권(portability right)을 강화해 기계가 생성하는 데이터에 대해 접근 및 사용하는 자에 대해 더 많은 통제가 가능하도록 조치(2021년 데이터법 일환으로 시행이 가능할 것으로 보고 있음)
전략 부문 및 공공영역에서 유럽 공통의 데이터 스페이스 활성화	• 데이터의 흐름 및 경제적 가치를 측정할 수 있는 프레임워크 창출('21)을 계획 • 공공 영역으로 제시된 분야는 제조업, 그린딜, 이동성, 건강, 금융, 에너지, 농업, 공공행정, 스킬 등

[그림 68] 유럽 데이터 전략의 4가지 축 개요

2022년 2022년 2월에는 '데이터거버넌스법'을 보완하고 유럽연합 국가 간 데이터 공유 활성화를 골자로 하는 '데이터법(Data Act)'이 추가로 발표되었다. '데이터법'에는 소비자 및 기업의 데이터 접근을 촉진하고, 예외적 상황에서 정부의 데이터 사용, 클라우드 서비스 공급업체의 불법 데이터 전송 방지, 유럽연합 국가 간 데이터 상호 운용성 촉진, 데이터 보유자와 데이터 수신자 간의 스마트 계약 표준 설정 등이 주요 내용으로 포함되어 있다.

유럽연합(EU)은 유럽연합 중심의 통합형 데이터 생태계 구축을 위해 유럽연합 내 데이

터 경제를 활성화하고 미국과 중국의 빅테크 기업이 선점하고 있는 글로벌 데이터 시장에서 경쟁력을 확보하고 있다. 실제로 주요 정책인 유럽 '데이터 전략'은 물론 '데이터거버넌스법', '데이터법' 등에서 공통적으로 유럽연합 내 데이터 가용성 향상과 단일 시장 구축을 지원하는 내용이 포함되어 있다. 이외에도 데이터 인프라 개발 정책인 '가이아엑스(GAIA-X)'와 '유럽오픈사이언스클라우드(EOSC, European Open Science Cloud)' 등에서도 통합형 데이터산업 발전 체계를 구축하려는 유럽연합의 노력을 확인할 수 있다.

나) 영국

영국 정부는 2016년 6월, 국민투표를 통해 결정한 브렉시트를 계기로 산업 경쟁력 강화를 위한 정부의 적절한 개입 필요성에 대한 공론화의 발판을 마련했다. 이를 계기로 2017년 11월 '산업전략(Industrial Strategy)'을 마련하고 신기술·신산업에서 글로벌 리더로서의 지위를 유지할 수 있도록 영국의 강점을 활용하는 한편, 취약점에 적극 대응하겠다고 천명했다.

영국의 산업전략은 전 산업 부문을 관통하는 생산성 기반을 조성하고, 산업별로 민관협력체제인 섹터딜(Sector deal)을 추진함으로써 경제·사회적으로 직면한 4대 대과제를 해결한다는 내용을 골자로 한다. 4대 대과제 중 첫 번째로 AI·데이터 주도 경제가 선정됐다.

영국 정부는 이와 관련한 혁신을 촉진하고, 영국이 글로벌 센터로 자리매김할 수 있도록 AI 섹터딜(AI Sector Deal) 등 다양한 지원을 시행하고 있다. 최근에는 '영국 연구개발 로드맵(UK Research and Development Roadmap,)'을 통해 혁신 과정에서 신뢰할 수 있는 데이터 사용을 최대화할 필요가 있다는 점을 강조한 바 있다.

한편 2017년 3월에는 세계 최고 수준의 디지털 경제로의 도약을 위한 국가 차원의 디지털 전략인 '영국 디지털 전략(UK Digital Strategy 2017)'을 발표했다. 이 전략에는 디지털 인프라, 역량, 사업 환경, 기업의 디지털 전환, 사이버 안전, 디지털 정부 등의 내용과 함께 데이터 개방 및 활용 기반 강화 전략이 포함됐다.

데이터 개방 및 활용 기반 강화와 관련해 민관 데이터 연계 확대 및 데이터 활용을 위한 인프라 구축, 2016년 6월 브렉시트 결정 이후 EU와의 데이터 공유를 위한 1988년의 '데이터 보호법(Data Protection Act)' 개정, 정부·기업·시민 간의 데이터 사용에 대한 신뢰관계 구축 및 개인정보보호 문제에 대한 강력한 대응방안 수립 등을 주요 내용으로 담고 있다.

이러한 일련의 정책을 기반으로 2021년 9월, 영국의 디지털·문화·미디어·스포츠부는 데이터 기반(foundation), 스킬, 가용성 및 책임성 등을 골자로 하는 '국가 데이터 전략(National Data Strategy)'을 발표했다. 이번 전략은 데이터의 사용성, 접근성 및 가용성을 둘러싼 환경을 개선함으로써 영국 경제 전반에 데이터의 가치가 널리 실현될 수 있도록 하는 한편, 성장 친화적이며 신뢰성 있는 데이터 제도 확충, 정부 데이터 사용의 효율성 및 공공서비스 개선, 데이터 인프라의 보안성 및 복원성 확보, 국제적 데이터 흐름 보장 등을 목표로 하고 있다. 이 목표 달성을 위해 데이터 기반, 스킬, 가용성 및 책임성과 관련해 구체적인 방안도 제시하고 있다.

다) 독일

독일 정부는 2010년 '디지털 독일 2015(Deutschland Digital 2015)'를 시작으로 본격적인 디지털 전략을 마련했다. 2014년 '디지털 어젠다(Digitale Agenda)'를 거쳐 2016년 독일의 디지털 경제로의 이행 가속화를 목표로 하는 '디지털 전략 2025(Digitale Strategie 2025)'를 발표했다.

데이터가 디지털 전략에 본격 등장하는 것은 '디지털 전략 2025'다. 이 전략에서는 정보보안 및 정보의 자기 결정권 강화라는 측면에서 데이터를 바라보고 있다. 특히 정보의 자기 결정권은 4차산업혁명과 함께 미국 플랫폼형 비즈니스의 급속한 확산에 대한 독일 및 EU 차원의 대응 필요성과 맞물리면서 데이터 주권(Data Sovereignty)의 개념으로 발전하게 됐다. 이 개념은 현재까지도 독일 연방정부 데이터 정책의 골자를 이루고 있다.

① 공정 경쟁과 데이터 주권 확보에 역점

데이터 주권이란 데이터의 사용자가 데이터 사용의 조건을 특정할 수 있는 권리를 의미한다. 이 개념은 독일의 디지털 기술, 서비스, 플랫폼의 창출과 평가, 활용, 보호가 국제적으로 상당히 뒤처졌다는 위기감에서 비롯됐다고 볼 수 있다. 독일 연방경제에너지부는 2017년 3월 「디지털 플랫폼 백서」에 디지털 자유방임(Digital laissez-faire)이나 국가가 조직한 현대화 프로그램이 아닌 제3의 방식으로 디지털화를 추진할 것임과 함께 디지털 플랫폼의 역동적 성장과 이에 대한 참여 활성화 의지를 보였다. 이와 더불어 공정 경쟁 및 데이터 주권을 확보할 수 있도록 관련 조치를 취한다는 입장을 밝혔다.

2019년 10월, 독일 연방정부가 발표한 GAIA-X 프로젝트(Project GAIA-X) 역시 독일과 유럽의 데이터 주권 및 관련 기업의 경쟁력 확보 등을 목적으로 하고 있다는 점에서 이러한 맥락을 엿볼 수 있다. 이 밖에도 지난 2019년 11월, 독일 연방정부는 「데이터 전략 초석(Eckpunkte einer Datenstrategie der Bundesregierung)」'이라는 보고서에서 데이터가 혁신 및 경쟁력뿐만 아니라 디지털 주권을 확보하는 데 중요한 역할을 한다는 점을 강조했다.

② '산업 데이터 스페이스 이니셔티브'에 주변국 합류

독일 연방정부의 데이터 관련 정책은 앞서 서술한 데이터 주권과 함께 산업의 경쟁력을 강화하기 위한 데이터 기반 혁신에 초점을 두고 있다. 특히 '인더스트리 4.0'과 여기서 파생되는 스마트 서비스 세계(Smart Service Welt) 등과 관련한 데이터 기반 혁신을 위해서는 우선적으로 데이터의 안정적인 교환·공유가 이루어져야 하는데, 프라운호퍼연구소(Fraunhofer Institute)는 2016년부터 연방교육연구부의 지원을 받아 비즈니스 생태계에서 데이터의 안정적 교환과 용이한 연계를 목적으로 표준 및 공통 거버넌스 모델을 사용한 데이터 플랫폼인 산업 데이터 스페이스(Industrial Data Space) 및 국제 데이터 스페이스(International Data Spaces) 이니셔티브를 운영하고 있다.

산업 데이터 스페이스 이니셔티브는 연방교육연구부 자금이 지원되는 경쟁 전 연구 프로젝트(pre-competitive)의 성격을 가지고 있다. 산업 데이터 공간의 레퍼런스 아키텍처 개발 및 시범 테스트를 수행하고 있다. GAIA-X 프로젝트도 독일과 유럽의 데이터 제공자와 사용자가 참여하는 데이터 생태계를 창출하기 위한 인프라 구축 사업이다. 현재는 프랑스 정부가 합류했으며, 다양한 국가에서 300개 이상의 기관들이 참여하고 있다.

[그림 69] 독일 GAIA-X 프레임워크

3) 일본

일본 정부는 2011년 동일본 대지진을 계기로 사회 전반의 협력을 위한 오픈 데이터의 중요성을 깨달으면서 '전자행정 오픈 데이터 전략(電子行政オープンデータ戦略)'을 수립하는 등 본격적인 오픈 데이터 정책을 펼치고 나섰다. 2016년을 전후로 4차산업혁명이 전 세계적인 주목을 받게 되면서 데이터 이용·활용을 성장전략 내로 적극 포함했다.

우선 오픈 데이터 정책을 살펴보면, '전자행정 오픈 데이터 전략'에 이어 이듬해인 2013년 6월 백서, 방재·감재정보, 지리공간정보, 사람 이동정보, 예산·결산·조달정보 등 중점 5개 분야의 우선적 정책 시행을 골자로 하는 '전자행정 오픈 데이터 추진 로드맵'을 발표했다.

① 디지털정부 구현

일본의 디지털정부 구상은 2021년 5월「디지털사회형성 기본법」등 소위 디지털 전환 관련 6법 제정으로 인해 앞으로 더욱 구체화될 것으로 보인다. 현재 일본정부가 역점을 두고 있는 디지털정부 구현 시책은 공공영역에서의 규제개혁과 정부·지자체 간 정보시스템의 표준화이다. 첫째, 공공영역에서의 규제개혁은 서면·날인·대면주의의 개혁, 온라인 이용촉진, 납세의 전자화 등 세 가지 분야에 초점을 맞추고 있다. 서면·날인·대면주의의 개혁은 사회전반에 만연된 서면·날인·대면주의를 혁파하고자 한다.

둘째, 일본의 정부·지자체 간 정보시스템 표준화는 2021년 5월 제정된「지방공공단체 시스템 표준화법」이 정부가 지자체에 대해 정부 기준에 적합한 정보시스템을 이용하도록 강제함으로써 본격화될 것으로 예상되고 있다.

② '리얼 데이터 플랫폼 분야' 선점 의지

다음으로는 성장 전략 측면에서의 데이터 이용·활용이다. 4차산업혁명이 본격적으로 등장한 이후 일본 정부는 기술 혁신과 데이터를 활용한 새로운 수요 창출이 불가피함을 인식하고 생산 현장의 리얼 데이터(real data)를 최대한 활용해 제조기술과 데이터를 결합하는 방식으로 새로운 경쟁 우위를 확보해 나간다는 입장을 표명했다.

이는 미국의 구글, 애플, 페이스북, 아마존 등 대형 플랫폼과의 데이터 경쟁에서 우위를 점하기는 사실 어렵다는 점을 자각해, 자국이 잠재적 경쟁력을 갖는 리얼 데이터 플랫폼 분야를 선점하겠다는 인식이 작용했기 때문이다. '4차산업혁명을 향하여(第４次産業革命に向けて)'라는 부제가 붙은 2016년도 성장 전략인 '일본재흥전략(日本再興戦略 2016)'에서는 기업·조직의 틀을 넘는 데이터 이용·활용 플랫폼, 공유경제 추진, 사이버 보안 강화 등의 실시를 명시했다. 이후 2018년도 성장 전략인 '미래 투자전략(未来投資戦略)'에서는 소사이어티 5.0과 데이터 구동형 사회로의 전환을 목표로 경제구조 혁신기반 조성을 위해 데이터 기반 사회의 공통 인프라 정비를 추진한다는 내용을 명시했다.

구체적으로는 산업 데이터의 연계·활용, 개인 데이터의 활용, 민간기업 분야에서의 디지털 전환 촉진 등이 포함됐다. 특히 산업 데이터의 연계·활용과 관련해 2018년 6월 '생산성 향상 특별 조치법(生産性向上特別措置法)'에 근거한 데이터 활용 지원 시책을 마련하는 한편, 자동주행·이동성 서비스, 제조·로보틱스, 바이오·소재 등 커넥티드 인더스트리(Connected Industries)의 중점 분야를 중심으로 산업 데이터 공유·연계 사례를 확대하는 동시에 구현 지원을 강화한다고 명시했다.

한편 일본 경제산업부는 정부의 성장 전략과 발맞추어 4차산업혁명에 대응하기 위해 '신산업 구조 비전(産業構造ビジョン, 2016.4.)을 발표한 바 있다. 여기에서도 데이터 이용·활용 촉진을 위한 환경 정비를 강조하고 있다. 이러한 정책 방향에 의거해 일본 경제산업부는 '생산성 향상 특별조치법'을 근거로 2018년 6월부터 산업데이터 공유 사업인정제도(産業データ共有事業の認定制度)를 시행하고 있다. 이는 사물인터넷 발전으로 데이터의 유통량이 폭발적으로 증가하는 가운데, 산업 경쟁력 강화와 사회적 문제 해결을 위한 데이터 사용 촉진 차원에서 데이터 공유 사업을 수행하는 민간 사업자를 인증·지원하는 제도다. 주무대신으로부터 민간 사업자의 사업계획이 인정을 받으면, 공공기관에 특정 데이터 제공을 요청할 수 있고, 사이버 보안이나 세제 지원 등을 받을 수 있다.

③ 포스트 코로나 시대 대비해 AI 데이터의 중요성 강조

최근에는 총무성 산하 정보통신정책연구소가 「2020년도 AI 네트워크 사회 추진회의(AIネットワーク社会推進会議) 보고서(2020.7.)」를 발표했다. 이 보고서에서는 포스트 코로나 시대의 AI 활용을 전제로 한 경제·사회로의 이행 가속화 가능성이 높다는 점을 강조하고 있다. 또한 AI 시대의 데이터 경제 구축을 위해서는 중소기업 및 지방 기업에 대한 AI 데이터 활용 활성화를 위한 민관의 지원, AI 등의 신기술에 대한 올바른 이해를 위한 민관의 활동 촉진, 포용적 AI 경제·사회 이미지 공유, AI 데이터 활용을 촉진할 수 있는 제도의 재검토, 포스트 코로나 사회를 염두에 둔 AI 데이터 활용의 추진을 구체적 방안으로 제시하고 있다. 이는 향후 일본 정부의 데이터 정책이 AI 경제·사회 구현과 적극 결합될 것임을 보여주는 바라 할 수 있다. 최근 일본 정부는 최근에 마이넘버카드(個人番号カード)10)의 보급을 선결과제로 진행하고 있다. 이를 통해 일본 정부는 행정, 의료, 사회 보험 등을 민간 금융 서비스와 연동시켜 일본 내 데이터산업을 육성할 예정이며, 관련 정책을 지원하는 디지털청(デジタル庁)11)이 건립되면서 전반적인 사회의 디지털화를 이룰 계획이다. 또한 '교육데이터 활용 로드맵(教育データ利活用ロードマップ)'을 발표하며 민관 협력을 통해 교육분야에서의 디지털 전환도 추진하고 있다.

4) 중국

중국 정부는 2013년부터 경제발전 모델 전환을 위해 적극적인 노력을 기울여왔다. 이 측면에서 2014년 3월 정부업무보고(政府工作报告)에서 빅데이터를 정책영역으로 포함하면서 빅데이터 정책 출범을 알렸다. 이후 빅데이터는 정부 정책 전반으로 확대돼 적극적인 지원 정책과 함께 일정 정도의 규제 환경을 정비했다.

다음해인 2015년 8월 중국 국무원은 「빅데이터 발전 촉진을 위한 행동요강(促进大数据发展行动纲要)」에서 빅데이터라는 기초적인 전략자원을 활용해 '대중창업·만중혁신' 촉진, 기존 산업의 질적 전환, 정부 관리·감독 및 사회관리 수준 제고 등을 추진할 것이라고 명했다.

2021년 4월에 발표한 향후 5년(2021~2026)간 중국 내 전반적인 산업 발전 방향이 담긴 '14차 5개년 규획(十四五年规划)'에서는 데이터의 중요성을 명시하고 산업 육성을 위한 정부 차원의 산업 육성 지원의 필요성을 강조하였다. 해당 정책을 기반으로 하여 2021년 11월에는 공업정보화부에서 중국 데이터산업 육성의 기본 전략인 '14차 5개년 빅데이터 산업발전 규획'을 발표하였다.

해당 규획에서는 향후 5년(2021~2026)간 3조 위안의 예산을 투입하여 약 25%의 산업 성장을 이룰 것이라는 구체적인 목표를 제시하였다. 또한 데이터 시장 육성 지원, 데이터 활용 역량 강화, 체계적인 데이터 생태계 조성, 데이터 보완 능력 향상 등을 주요 내용으로 포함하고 있다. 중국이 정부 주도의 하향식 데이터산업 육성을 진행 중인 것은 '14차 5개년 빅데이터 산업발전 규획'을 중심으로 정부기관에서 데이터산업 육성 관련 정책을 수립하여 추진하고 있다는 점을 알 수 있다.

구체적으로 추진할 중점 프로젝트로는 빅데이터 기술제품 개발 강화, 산업 빅데이터 혁신 및 응용, 산업계의 빅데이터 애플리케이션 개발 촉진, 빅데이터 산업 주체 육성 가속화, 빅데이터 표준 시스템 구축 촉진, 빅데이터 산업 지원 시스템 개선, 빅데이터 보안 역량 제고 등이다.

한편 과학기술혁신 측면에서도 빅데이터는 중요한 과제로 등장했다. 중국 국가과기혁신 13차 5개년 규획(十三五"国家科技创新规划)에서 2030년을 지향하는 과기혁신 2030 중대 프로젝트 중 하나로 빅데이터 분야가 명시됐다. 2017년 10월에 개최된 제19차 중국 공산당 전국대표대회(中国共产党全国代表大会)에서는 빅데이터와 실물경제의 융합 추진이 제안되면서 향후 빅데이터 산업 발전에 대한 방향성을 제시했다. 2019년 3월, 정부 업무보고에서 빅데이터가 6번이나 언급되는 등 빅데이터 관련 정책을 강조했다.

① 데이터센터 설립에 박차 가하는 중국 지방정부

중국은 중앙정부의 정책에 따라 지방정부 역시 빅데이터 정책을 적극적으로 추진하고 있다. 국무원이 「빅데이터 발전 촉진을 위한 행동요강」을 발표한 직후 랴오닝성, 칭하이성을 필두로 대부분의 지방정부에서 빅데이터와 관련된 정책을 도입했다. 최근 일부 지방정부에서 빅데이터 산업을 포함한 빅데이터 발전을 담당할 조직을 신설하고 있다.

예를 들어 광둥성은 2014년 중국에서는 최초로 광둥빅데이터청(Guangdong Big Data Administration)을 설립하는 등 2019년 5월까지 총 14개 지방정부가 관련 조직을 신설한 것으로 파악되고 있다. 이와 함께 지방정부에서도 빅데이터 센터 설립을 가속화하여 상하이 빅데이터센터, 텐진 빅데이터관리센터 등이 설립됐다.

장시성이 설립한 장시성 정보센터도 빅데이터 관련 업무 일부를 담당하고 있다. 2018년 10월 통계에 따르면, 성급 이하 행정구 중 79개 행정구가 빅데이터관리 특별조직을 설립한 것으로 나타났다.

최근 중국 정부의 데이터 관련 정책은 다양한 분야에 걸쳐 강화되고 있다. 신인프라 건설, 데이터 보안, 산업 빅데이터 발전 등이 대표적이다. 첫째, 신인프라(新基建)는 2018년 12월 중앙경제업무회의에서 처음으로 등장한 개념이다. 전통적인 '철도기반 인프라(铁公基)'에 상응해 새로운 과학기술 혁명과 산업 변화의 특징을 결합하고, 국가의 전략적 수요에 보조를 맞추면서 경제사회의 혁신, 조화, 녹색, 개방, 공유발전 기반을 조성하기 위한 신개념이라고 할 수 있다.

신인프라에는 5G 통신망, 특고압 설비, 도시 간 고속도로 및 도시철도, 새로운 에너지 자동차 충전장(充电桩), 빅데이터 센터, 인공지능, 산업 인터넷 등 7대 분야가 포함돼 있다.

② 국가 안보 일변도에서 탈피한 데이터 보안정책

중국 정부는 7대 분야의 중점 산업을 대상으로 디지털화와 스마트화를 통해 산업의 데이터 활용을 촉진하고, 초고도화, 스마트 제조, 스마트 커넥티드 자동차, 신에너지 자동차 등 관련 선도 산업 분야에서 응용 환경을 개선·보완해 산업 발전의 교두보를 확보한다는 입장이다. 신인프라 개념이 발표된 이후 2020년 중반까지 신인프라 건설과 관련된 중점 프로젝트 투자 계획을 발표한 지방정부는 13개에 달하는 것으로 나타났다.

둘째, 데이터 보안 측면에서 중국 정부는 2020년 7월 제13차 전국인민대표회의에서 '데이터보안법(数据安全法)' 초안을 공개했다. 이 법의 초안은 그동안 보안에만 중점을 뒀던 중국의 데이터 전략이 보안과 경제적 편익 사이에서 균형을 찾는 것으로 선회했음을 보여줬다. 중국 내에서는 새로운 상품으로서의 데이터 시장을 창출할 수 있도록 규제를 적용하고, 국제적으로는 무역전략에 데이터를 포함시키는 노력을 기울이기 시작한 것이다.

셋째, 산업용 빅데이터의 발전이다. 2020년 5월 중국 공신부(工业和信息化部)는 빅데이터 발전 전략 시행, 산업 디지털 전환 촉진, 산업 데이터 자원의 잠재력 추동, 빅데이터 산업 발전 가속화 등을 위한「산업 빅데이터 발전에 관한 지도의견(关于工业大数据发展的指导意见)」을 발표했다. 이 지도의견에서 산업 데이터 발전을 위해 데이터 통합 가속화, 데이터 공유 촉진, 데이터 융합·혁신 심화, 데이터 거버넌스 역량 제고, 데이터 보안 강화, 산업발전 촉진, 조직지원 강화 등 7대 분야에서 산업 빅데이터 플랫폼의 통합 구축, 산업 데이터 공유 및 개방 촉진, 산업 데이터 시장 활성화, 산업 데이터 응용 생태계 조성 등 21개 지침을 제시했다.
2022년 4월부터 공업정보화부에서 '2022년 빅데이터 산업육성 시범사업(2022年大数据产业发展试点示范项目)'을 추진하고 있는데 해당 사업은 기업의 데이터 관리능력 향상, 데이터 거래 순환 촉진, 데이터 서비스 생태계 육성, 기업의 빅데이터 제품 구성과 빅데이터 서비스 개발 촉진을 목표로 하고 있다. 또한 ' '신규 데이터센터 개발 3개년 실행계획(新型数据中心发展三年行动计划)' 등 인프라 구축 사업도 계속해서 진행하고 있다. 지방 정부 차원에서도 관련 정책이 추진되고 있는데, 호북성, 귀주성, 산시성 등을 포함한 각 성(省) 및 시(市)별로 정부 정책에 따른 데이터 산업 육성 정책을 발표 중이다.

나. 국내 데이터산업 정책 현황[36]

1) 데이터 혁신과 국가정책

가) 문재인 정부 데이터 전략

(1) 디지털 뉴딜

2019년 말 코로나19로 인한 경제 위기를 마주하면서 전 세계가 디지털 전환에 뛰어들었다. 우리나라 또한 ICT(Information and Communications Technology)로 위기를 극복하고 디지털 우위를 선점하기 위해 2020년 7월 '디지털 뉴딜(Digital New Deal)' 정책을 수립하였다.

한국판 뉴딜 정책은 크게 디지털(Digital) 뉴딜과 그린(Green) 뉴딜이라는 양대 축을 중심으로 안전망강화까지 3대 프로젝트와 10대 중점 추진과제로 구성됐다. 2025년까지 총 160조 원(국비 114.1조 원)을 투입해 총 190만 1000개의 일자리를 창출한다는 목표다. 전 산업 데이터와 디지털 혁신을 위해 DNA(Data-Network-AI) 생태계를 강화하고, 교육인프라의 디지털 전환, 비대면 산업 육성 및 교통·수자원·도시·물류 등 사회기반시설을 디지털화하는 것이 목표다.

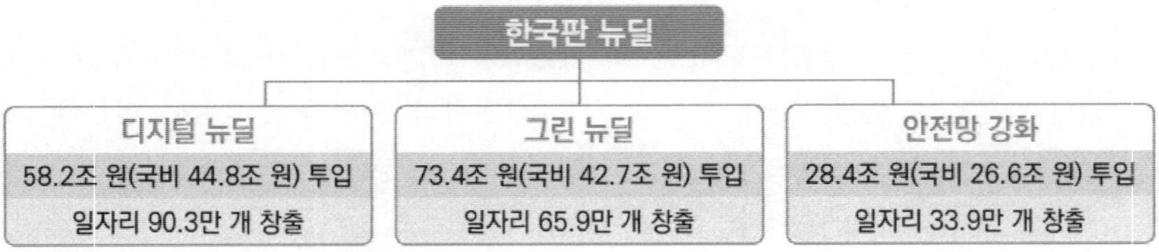

[그림 70] 한국판 뉴딜(2020-2025)

'디지털 뉴딜 1.0'을 통해 정부는 데이터 댐을 구축하고 양질의 공공데이터와 국가 중점 데이터 개방을 확대해 데이터 활용을 활성화하고자 했다. 또한 데이터를 활용해 산업을 혁신하고 새로운 서비스들이 개발될 수 있도록 데이터 바우처 사업을 시행하였으며, 대량의 데이터를 활용하는 인공지능 산업분야에도 바우처 제도를 도입해 수요기업이 인공지능 솔루션을 이용할 수 있도록 지원했다. 이와 함께 비대면 산업을 육성하고 소상공인 점포의 스마트 상점 전환, 비대면 헬스케어 서비스 지원 등 일상의 디지털 전환, 도로나 철도, 공항 등 사회기반시설의 디지털

36) 2022 데이터산업 백서

트윈(Digital Twin) 혁신 등을 추진하면서 데이터 기반의 디지털 인프라를 구축하였다.

정부는 1년 뒤인 2021년 7월 '디지털 뉴딜 1.0'을 통해 구축한 디지털 인프라를 활용하고 성과를 확대하는 데 초점을 둔 '디지털 뉴딜 2.0'을 발표하였다. '디지털 뉴딜 2.0'은 ① 데이터 댐과 5G 고속도로 등 디지털 인프라를 바탕으로 민간의 활용을 강화하고, ② 5G나 인공지능(AI) 등 중점 프로젝트의 성과를 전 지역과 산업으로 확산하며, ③ 메타버스, 지능형 로봇, 블록체인, 사물인터넷(IoT) 등 초연결 신산업을 전략적으로 육성하고자 하였다.

2022년 1월 정부는 디지털 뉴딜의 주요 성과와 향후 계획을 담은 '2022년 디지털 뉴딜 실행계획'을 발표하였다. 이에 따라 2022년에는 데이터 댐 확충, 5G 확산 등 디지털 기반을 강화하고 제조, 교통, 문화 등 전 산업과 지역으로 이를 확산하는 DNA(Data, Network, AI) 기반 생태계를 강화할 예정이다. 또한 교육 및 직업훈련, 보건의료, 중소상공인 등 생활밀착 분야의 비대면 기반을 확충하며 메타버스와 지능형 로봇 등 초연결 신산업 분야를 집중 육성할 계획이다. 마지막으로 도로, 철도, 하천, 항만 등을 디지털화하고 디지털 트윈 국토를 구축하며 스마트시티를 확장하는 등 사회기반시설의 디지털 전환을 추진하고자 한다.

(2) 국가 데이터 정책방안

2021년 2월 정부는 4차산업혁명위원회 내에 데이터특별위원회를 신설하고 '국가 데이터 정책 추진방향: 대한민국 데이터 119 프로젝트'를 발표했다. 데이터특별위원회는 민간의 의견을 수렴하고 민간이 제안하고 주도하는 데이터 정책 혁신방안을 강구하고자 하였다. 데이터 119 프로젝트는 11대 실천과제와 9대 체감형 서비스로 구성되었으며 데이터특별위원회는 개별 과제의 추진상황을 분과위원회를 통해 점검하고 결과를 보고받으며 국가 차원의 데이터 컨트롤타워로 기능하였다.

위 과제 중 민간 중심 생태계 혁신에 관한 4개 과제는 특별히 데이터산업과 깊은 연관을 갖는다. 정부는 ① 미개방 핵심 데이터 제공을 위해 민간의 수요가 높은 사업자등록 및 휴폐업데이터(국세청), 보험 데이터와 건강검진 데이터(국민건강보험공단), 진료 데이터와 치료재료 및 의약품 현황 등의 의료기관 데이터(건강보험심사평가원), 학생 교육 데이터나 교사 연수 데이터(교육부 및 시도교육청)를 개방하고 수요를 조사해 개방을 확대하고자 하였다. 아울러 의료영상이나 교통 CCTV, 해저지형지도 등 공공기관이 보유한 비정형 데이터 실태를 조사하고 메타데이터 중심의 표준화 작업, 국제표준에 따른 개방형 포맷 변환 작업을 거쳐 민간이 즉시 활용할 수 있도록 데이터를 개방하고 있다. ② 수요자가 원하는 수준의

11대 실천과제	
	과제명
민간중심 생태계 혁신	① 미개방 핵심 데이터 제공
	② 수요자가 원하는 수준의 데이터 품질 확보
	③ 민간 전문기업 활용 및 공공의 데이터 구매 지원
	④ 데이터 플랫폼 연계 및 거래소 활성화
종합적 데이터 정책체계 정립	⑤ 국가 데이터 관리 체계 전면 개편
	⑥ 데이터 중심 정부 업무 재설계 및 공무원 역량 제고
	⑦ 새로운 데이터 활용 제도의 조기 정착
	⑧ 데이터·인공지능 생태계 전반의 위험 선제 대응
	⑨ 데이터 기반 과학적 재난관리 체계 구축
	⑩ 코로나19 타임캡슐 프로젝트 추진
	⑪ 물 관리 데이터 통합 체계 마련

9대 체감형 서비스	
	과제명
의료	① 내 건강정보 한 눈에(마이데이터)
	② 실손보험 자동청구(마이데이터)
생활	③ 슬기로운 소비생활(마이데이터)
	④ 불법 복제 꼼짝 마!(학습데이터)
복지	⑤ 중단 없는 급식 지원(민관데이터 융합)
	⑥ 나의 인공지능 학습 도우미(학습데이터)
핵심기반	⑦ 인공지능 훈민정음(학습데이터)
	⑧ K-이미지 프로젝트(학습데이터)
	⑨ 스마트 항만(민관데이터 융합)

출처: 관계부처 합동, '국가 데이터 정책 추진방향'(2021년 2월)

[그림 72] 대한민국 데이터 119 프로젝트

데이터 품질 확보를 위해서는 공공데이터의 제공 형태와 표준 등에 대한 문제점을 개선하고 정보시스템의 구축 계획단계에서부터 데이터 품질을 관리하도록 하였다. 또한 인공지능 학습용 고품질 데이터를 민간에 제공하고 데이터 품질관리 체계 마련 및 표준화 등을 추진한다. ③ 민간 전문기업 활용 및 공공의 데이터 구매 지원을 위해 공공 부문은 데이터의 생산과 개방에 집중하고 가공 이후 절차는 민간 전문기업을 활용하는 체계를 마련하고, 민간의 데이터를 공공에서 구매할 수 있는 시장을 활성화할 예정이다. ④ 데이터 플랫폼 연계 및 거래소 활성화를 위해서는 공공과 민간의 데이터 플랫폼들을 통합 데이터 지도(www.bigdata-map.kr)로 연계하여 국가 전반에서 필요한 데이터를 쉽게 찾아 활용할 수 있는 기반을 마련하고자 하였다. 아울러 데이터 가격 책정의 신뢰성을 확보하고 합리적인 가격을 산정하기 위해 데이터 가치 산정 모형의 개발·적용을 확산하고 이를 다양한 데이터 플랫폼에 적용하여 데이터 거래소를 활성화할 예정이다.

(3) 마이데이터 발전 종합정책

데이터 활용과 개인정보 보호 문제의 해결이 요원한 상황에서 정보주체가 스스로 요청해 자기정보를 관리하는 마이데이터 방식이 떠오르고 있다. 마이데이터란 정보주체가 본인 정보를 적극적으로 관리·통제하고 이를 신용, 자산, 건강관리 등 스스로 필요한 분야에 주도적으로 활용하는 것으로 본인이 원하는 서비스를 제공받기 위해 데이터의 전송을 요구하는 자료전송 요구권을 핵심으로 하는 개념이다.

이에 따라 정부는 2021년 6월 '마이데이터 발전 종합정책'을 발표하였다. 동 정책은 '내 데이터 내 뜻대로'라는 목표 아래 데이터 서비스 경쟁을 활성화하고 데이터의 자유로운 흐름을 통해 통합 데이터 서비스를 제공하겠다는 목표를 수립하였다. 이를 위해 2021년에는 일반법인 '개인정보 보호법'에 전송요구권 규정을 신설해 마이데이터 사업의 근거를 마련하고, 정보주체의 본인 확인을 위한 인증, 데이터 처리 전반에서의 보안 기준 확립, 초기 단계에서 국민이 체감할 수 있는 서비스를 제공하는 등 마이데이터 사업의 토대를 다지고자 하였다. 2022~2023년에는 모든 분야에서 마이데이터 추진 준비를 완료하고 관련 사업을 활성화하며 지원하는 정책을 추진할 계획이다. 2024~2025년에는 산업 간 데이터 공유를 촉진하고 데이터의 상호 연계 및 공유 시 정보를 안전하게 이전하며, 문제가 발생할 경우 책임주체를 명확히 하는 등 고도화 작업을 추진할 예정이다.

(4) 국가데이터전략(안)

2022년 2월 4차산업혁명위원회가 '국가데이터전략 제안'을 발표했다. 동 전략은 세계 최고의 데이터 강국 실현을 비전으로 삼고 경제·사회·제도 전반의 데이터 역량 강화를 통해 대한민국 혁신성장을 주도하겠다는 목표를 수립했다. 또한 목표를 달성하기 위해 ① 데이터 인프라와 기술을 고도화하고 그에 맞는 산업 전반을 디지털로 전환하며 데이터산업을 육성하는 전략(기술 및 산업 고도화), ② 데이터 시대에 맞는 사람을 육성하고 사회 전반의 디지털 전환 문화와 역량을 확보하기 위한 전략(사람 및 사회 역량 제고), ③ 안전한 데이터 활용을 위한 제도와 디지털 전환 촉진을 위한 데이터 중심 정부혁신을 위한 전략(제도 및 행정혁신 가속)을 수립하였다. 기술, 사람, 제도라는 3가지 요소를 전략의 핵심 구도로 잡은 것이다. 구체적으로 ① 기술 및 산업 고도화 분야에서 정부는 데이터 처리 및 보안 기술을 고도화하고 표준화를 강화하며 지능형 IoT 센서와 차세대 통신망을 통해 모든 사회간접자본을 스마트화하고자 하였다. 또한 기존 경제와 전통 산업구조 전반을 디지털로 전환하고 데이터 혁신기업과 산업을 집중적으로 육성하고 있다. ② 사람 및 사회 역량 제고 분야에서는 기업과 대학 협력 교육과정을 공동개발하고 지역특화 데이터전문인력양성소를 운영하는 등 현장 전문가형 데이터 인력을 육성하도록 하였다. 또한 해외 유수의 인재 유치를 촉진하고 국내외 교류를 활성화하며 연구소 협력 등을 통해 고급 인재를 양성함과 더불어 초중고등 교과목을 데이터 교육 중심으로 전면 개편하여 디지털 혁신학교를 설립하는 등 교육체계 자체를 혁신하기 위한 내용도 포함하고 있다. 아울러 정보주체의 데이터 주권 강화, 전 국민 데이터 리터러시 제고, 디지털 포용과 취약계층의 보편적 접근성 확대 등 사람 중심의 데이터 사회문화를 조성하도록 했다. 디지털로 산업이 변화하면서 발생할 수 있는 일자리 문제도 고려하였다. 고위험 산업군을 지정해 디지털 재교육을 지원하고 기존 산업 재직자의 데이터 역량을 강화하며 사회적 갈등 해결 및 협력을 위한 기구를 마련하도록 했다. ③ 제도 및 행정 혁신을 위해서는 국가 차원의 최고데이터책임자(CDO)를 중심으로 데이터 거버넌스를 재정립하고 불필요한 규제 혁파, 규제 샌드박스 운영 등 데이터 친화적 법제도 개선, 데이터 보안과 윤리 등 안전과 신뢰 강화, 데이터 중심의 정책 수립

패러다임 전환, 국민이 체감할 수 있는 맞춤형 선제 서비스 제공, 개방형 직위 및 민간경력자 채용 확대 등을 통한 공공 부문 데이터 역량 제고 등을 제안하고 있다.

나) 윤석열 정부 국정과제

2022년 7월 윤석열 정부가 120대 국정과제를 발표했다. 데이터산업의 관점에서 살펴 볼 수 있는 주요 과제로 디지털플랫폼정부 구현(11번), 규제시스템 혁신을 통한 경제활력 제고(16번), 제조업 등 주력산업 고도화로 일자리 창출 기반 마련(23번), 미래전략산업 초격차 확보(24번), 바이오·디지털헬스 글로벌 중심국가 도약(25번), 미래 금융을 위한 디지털 금융혁신(34번), 100세 시대 일자리·건강·돌봄체계 강화(45번), 선진화된 재난안전 관리 체계 구축(65번), 농업의 미래 성장산업화(71번), 민관 협력을 통한 디지털 경제 패권국가 실현(77번), 세계 최고의 네트워크 구축 및 디지털 혁신 가속화(78번), 100만 디지털 인재 양성(81번) 등을 꼽을 수 있다.

먼저 ① 디지털플랫폼정부(11번)는 모든 데이터가 연결되는 플랫폼 위에서 국민, 기업, 정부가 함께 사회문제를 해결하고 새로운 가치를 창출하는 정부를 표방한다. 이에 따라 정부는 국민이 익숙한 민간 플랫폼과 연계하여 공공서비스를 제공하는 등 민간의 혁신역량을 적극 활용하여 국민이 체감할 수 있는 선도 프로젝트를 추진할 예정이다. 또한 인공지능(AI)과 데이터를 중심으로 정부의 일하는 방식을 혁신하고 공공데이터 전면 개방 및 마이데이터 전 산업 확산, 범정부 데이터 및 서비스의 연계, 데이터의 안전한 활용 기반 강화 등을 추진하고자 하였다.

아울러 디지털플랫폼정부 추진을 위한 거버넌스로 민관합동위원회를 운영할 예정이다. 이를 위해 2022년 7월 '디지털플랫폼정부위원회의 설치 및 운영에 관한 규정'이 제정되었다. ② 규제 혁신(16번)을 위해 정부는 민관연 합동 규제혁신추진단을 구성하고 미래 산업 등 핵심분야를 중심으로 네거티브 규제시스템(특정 사항을 열거하여 제한적으로 금지하고 그 외의 사항은 모두 허용하는 규제 방식)을 도입하여 규제를 전면 재설계하고 신산업 전반으로 확대할 예정이다. 또한 빅데이터 및 인공지능(AI) 기술을 활용해 규제행정의 전 과정을 혁신하여 스마트 규제를 구현하고자 하였다. ③ 주력산업 고도화로 일자리 창출 기반(23번)을 마련하기 위해 산업부는 산업데이터 플랫폼을 구축하고 업종별 디지털 연대를 확산해 새로운 비즈니스 모델을 창출하는 등 산업의 부가가치를 향상, 혁신을 도모할 예정이다. ④ 또한 반도체·AI·배터리 등 미래전략산업 초격차 확보(24번)를 위해 로봇, 반도체, 센서, IoT 가전 등 디지털 산업의 수요를 연계하여 연구개발을 강화할 예정이다. ⑤ 바이오·디지털헬스 글로벌 중심국가 도약(25번)을 위해 보건복지부는 국민 개개인이 자신의 의료 및 건강정보를 손쉽게 활용할 수 있는 건강정보 고속도로 시스템을 구축하고 맞춤형으로 제공할 예정이다. 이를 위해 의료 마이데이터, 디지털헬스케어 서비스에 대한 법제도적 기반을 마련할 계획이다. 또한 보건의료 빅데이터의 구축 및 개방, 바이오 디지털 활용 인공지능 개발 등 데이터 기반 연구개발을 확대하고 정밀의료를 촉진할 예정이다. ⑥ 미래 금융을 위한 디지털 금융혁신(34번)과 관련해 금융위원회는 금융분야의 데이터 수집, 활용 인프라 및 금융보안 규제를 개선해 디지털 혁신금융 생태계를 조성한다. ⑦100세 시대 일자리·건강·돌봄체계 강화(45번)와 관련해 보건복지부는 다양한 기술을 활용해 생활밀착형 돌봄 확산의 기반을 조성한다. 이를 위해 활동감지 센서 등을 활용한 응급안전안심서비스와 보건소 AI-IoT 기반 건강관리사업 등을 확대해 스마트 기술을 활용한 돌봄을 확산하고 돌봄로봇 등 복지기술의 연구개발 강화 등을 추진할 예정이다. ⑧ 선진화된 재난안전관리 체계 구축(65번)을 위해 행정안전부와 소방청은 AI 데이터를 활용한 디지털 재난관리 체계를 구축한다. 분산된 재난 데이터를 통합 관리하는 데이터공유플랫폼을 구축하고 빅데이터 분석을 통해 재난에 대비하며 맞춤형 재난안전정보를 제공할 예정이다. ⑨ 농업의 미래 성장산업화(71번)의 추진의 일환으로 농림축산식품부는 스마트농업 확산을 위한 임대형 스마트팜을 조성하고 스마트팜 빅데이터 플랫폼을 구축해 데이터의 수집과 활용을 촉진할 예정이다. 관련하여 스마트 산지유통센터 확대, 온라인거래소 운영 및 도매시장 거래정보 디지털화 등 산지에서 소비지까지 농산물 유통 체계의 디지털 전환을 추진한다. ⑩ 민관 협력을 통한 디지털 경제 패권 국가 실현(77번)을 위해 과학기술정보통신부는 국가 데이터 정책 컨트롤타워를 2022년 내에 확립하고 민간이 필요로 하는 데이터 개방을 확대하며 이용자가 편리하게 검색하고 활용할 수 있는 산업 기반을 조성할 예정이다. 또한 향후 메타버스 특별법을 제정해 일상과 경제활동을 지원하는 메타버스 서비스를 발굴하고 블록체인을 통해 신뢰 기반을 조성하고자 한다. 아울러 플랫폼의 건전한 혁신과 성장을 촉진하고 사회적 가치 창출을 극대화하기 위해 범부처 및 민간과 함께 디지털 국가 전략을 수립하고 민간 주도의 자율규제체계를 확립할 예정이다. ⑪ 세계 최고의 네트워크 구축 및 디지털 혁신 가속화(78번)를 위해서는 차세대 통신망을 확산하고 네트워크와 소프트웨어의 디지털 안정성을 강화하며 주요 안전관리의 디지털화를 추진한다. 또한 10만 사이버보안 인재와 지역 디지털 인재 양성 등을 통해 디지털 전환과 보안 역량을 확보할 계획이다. 아울러 전 국민 디지털 역량을 제고하는 디지털 문제해결센터를 운영하고 디지털 접근권을 보장하는 등 맞춤형 지원정책을 추진할 예정이다. ⑫ 100만 디지털 인재 양성(81번)을 위해 교육부는 대학의 디지털 융복합 교육과정 운영, 초중등 소프트웨어 및 AI 교육 필수화, 교육과정의 전면 개정, 스마트 학습 환경과 디지털 교수학습 통합 플랫폼 등 디지털 교육 인프라 구축, 민관 협력 기반 디지털 교육과정 확대 등 디지털 인재 양성 정책을 적극 추진한다.
윤석열 정부는 2022년 5월 출범 이후 국정과제 추진을 위한 기본 토대로서 추진체계 구성 에 박차를 가하고 있다.

다) 스마트 의료 인프라

디지털 기반 스마트 의료 인프라를 구축해 코로나19 등 감염병 위협에서 의료진과 환자를 보호하고, 의료 편의성을 제고한다. 2025년까지 18개 디지털 기반의 스마트 병원을 구축해 신의료 모델을 도입하고, 감염병 대응을 위한 호흡기 전담 클리닉도 별도 신설 운영한다. 또한 의원급 의료기관에 비대면 영상진료 장비를 지원해 안전한 진료환경을 조성하고, 의료데이터 품질과 의료 서비스 질을 향상하기 위해 전자의무기록(Electronic Medical Record, EMR)도 표준화한다.

불충분한 인프라로 비대면 의료서비스 활용 한계

	현재 상황
성과지표	'20년
의료모델	스마트병원 기반 미흡
감염병 대응 인프라	호흡기전담 진료체계 미비
AI 기반 정밀의료	AI 진단 기반 미흡

스마트 의료 인프라 확충으로 비대면 의료서비스 기반 구축

미래 모습	
'22년	'25년
스마트병원 모델 9개	스마트병원 모델 18개
호흡기전담클리닉 1000개	호흡기전담클리닉 1000개
8개 질환 AI 진단	20개 질환 AI 진단

[그림 73] 스마트 의료 인프라의 현재와 미래

① 감염병 안심 스마트 의료 인프라

입원환자의 실시간 모니터링, 의료기관 간 협진이 가능하도록 5G, IoT, 데이터를 활용한 디지털 스마트 병원을 구축한다. 격리병실과 집중치료실의 환자 영상정보와 데이터를 의료진에게 실시간 전송해 관리하고, 내외부 병원 간 협력체계도 구현한다. 2020년에는 코로나19 장기화 등에 대비해 감염병 대응 솔루션에 집중하고, 2025년까지 스마트병원을 매년 3개씩 구축해 2025년까지 총 18개로 확충할 계획이다.

② 인공지능 정밀의료

간질환, 폐암, 당뇨 등 12개 질환별 AI 정밀 진단이 가능한 소프트웨어(SW) 실증사업인 닥터앤서 2.0 도입을 본격 추진한다. 닥터앤서 사업은 2018년부터 2020년까지 치매 등 8개 중증 질환별 인공지능 진단 소프트웨어를 개발했고, 향후 이를 확대 지원한다. 그 외 감염병 대응, 국민편의 제고를 위해 ICT기술기반 비대면 의료 제도화02를 추진한다. 환자가 집에서도 필요한 의료 서비스를 받고 관리할 수 있도록 재택 의료 건강보험 수가 시범사업도 지속적으로 확대할 예정이다.

07

빅데이터 활용 산업분야

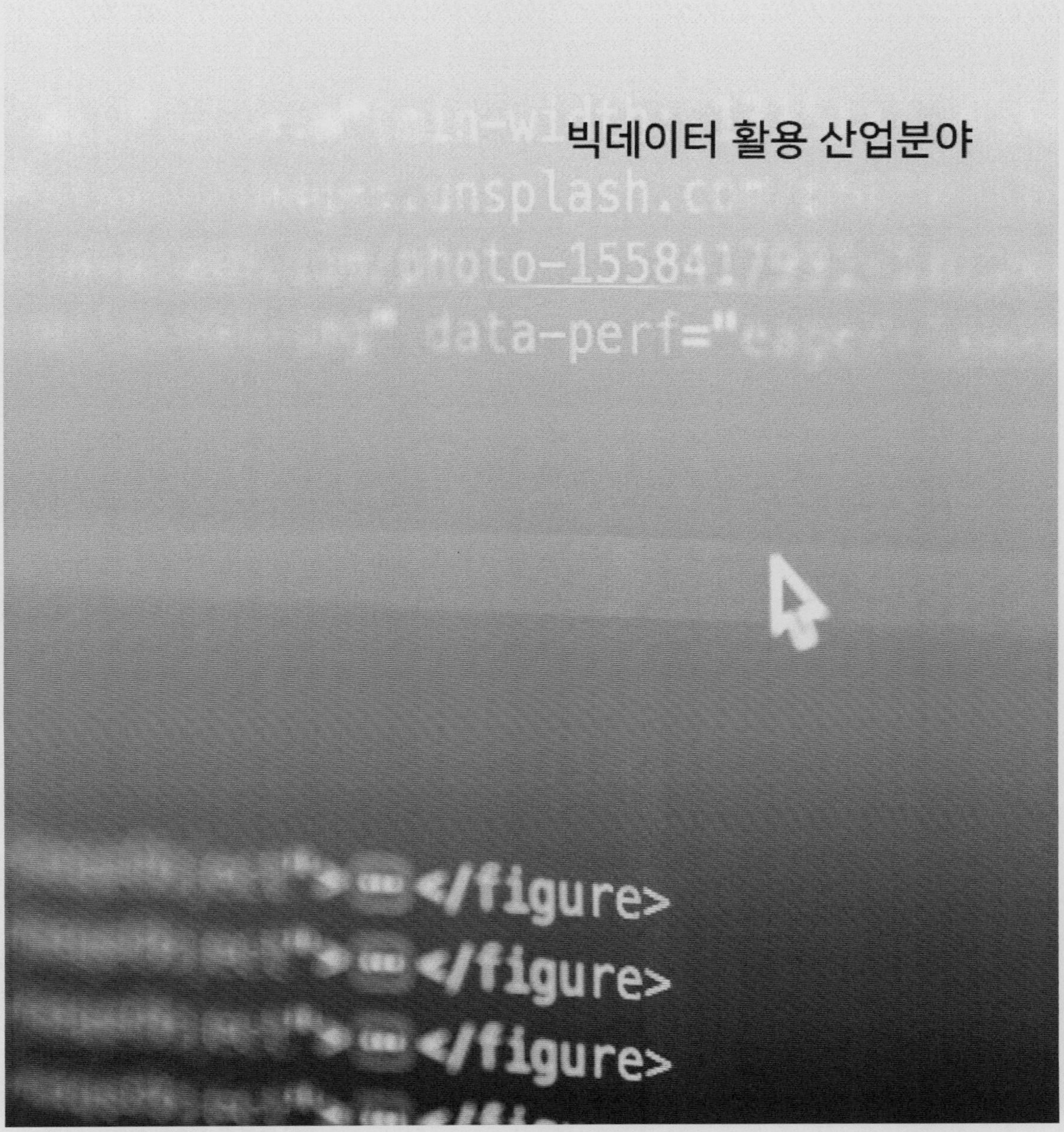

7. 빅데이터 활용 산업분야

가. 금융[37)]

4차산업혁명의 흐름과 더불어 코로나19의 예기치 못한 확산은 금융 분야의 디지털 전환이 속도를 내는 데 큰역할을 했다. 디지털 금융은 데이터와 기술, 실물 경제의 융합을 가속화하는 핵심 산업으로 부각되고 있다. 최근 모바일 환경과 ICT를 기반으로 전자결제, 송금, 중개, 대출 등의 서비스를 통합한 새로운 금융 플랫폼이 등장하고 있다.

디지털 금융 혁신은 기술을 기반으로 한 핀테크 기업 및 빅테크 기업이 금융 산업에 적극 진출하면서 기존 금융기관 중심의 산업 생태계를 변화시키고 있다. 국내 핀테크 기업은 2019년 기준으로 지급결제, 자산관리, 보안 등 다양한 분야에서 300개가 넘게 존재한다. 그 중 유니콘 기업은 토스(Toss) 1곳으로 나타났고, 대부분은 초기 단계의 스타트업이다.

반면 네이버, 카카오 같은 빅테크 기업은 기존의 브랜드 인지도와 고객층, 기술력을 바탕으로 간편결제, 인터넷전문은행 등을 시작으로 빠르게 고객층을 확보하며 성장성과 확장성을 보여주고 있다.

1) 관련 정부 정책[38)]

가) 데이터3법 및 마이데이터 사업

2022년 1월 5일, 금융당국은 본인신용정보관리업(마이데이터)의 전면 시행을 알렸다. 33개 마이데이터사업자들은 여러 금융사에 흩어져 있는 금융소비자의 정보를 한꺼번에 조회할 수 있는 마이데이터 서비스를 시장에 선보였다. 두 달여 만에 1,840만 명의 고객이 모였고, 125억 건의 금융정보를 조회했다. 이러한 혁신의 흐름과 관련해 지금부터 마이데이터 비즈니스의 현재와 미래를 알아보고자 한다.

---

37) 데이터산업백서
38) 2022 데이터산업 백서

평균 은행 4곳, 카드사 3곳, 보험사 3곳, 증권사 2곳을 이용하는 금융소비자3)의 경우 예금 잔액이나 대출 만기일, 카드 이용내역, 보험 가입현황, 주식 평가수익 등을 조회하기 위해 각 금융사의 인터넷뱅킹 사이트에 접속하거나 스마트폰에 10여 개의 금융 앱을 설치해야 했다. 그러나 마이데이터를 통해 앱 하나로 모든 금융정보를 편리하게 모아 보고, 자산형성의 방법과 절세 노하우, 현명한 소비생활에 대한 조언도 얻을 수 있게 되었다.

(1) 자산관리의 대중화

고액자산가들의 전유물로 여겼던 자산관리 서비스는 마이데이터를 통해 일반 대중에게로 확대되었다. 자산관리를 받기 위해 자산의 종류나 규모에 연연하지 않아도 되고, 금융사의VIP 고객이 아니어도 된다. 마이데이터 서비스는 누구에게나 차별 없이 내가 가진 예금, 주식, 펀드 등의 금융자산과 금, 은, 부동산, 자동차와 같은 실물자산은 물론이고 가상자산의 가치까지 원화로 환산해서 알려주기 때문이다.

단순히 자산의 총 금액을 보여주는 것은 자산관리의 본질이 아니다. 자산관리의 본래 목적은 자산을 증식하고 보존하는 데 있다. 마이데이터 서비스는 나이, 소득, 거주지 등에서 나와 유사한 조건을 가진 집단의 자산 규모를 보여주거나 생애주기의 단계마다 필요한 자산을 미리 준비할 수 있게 금융상품을 추천하는 방식으로 소비자의 금융생활에 부드럽게 개입한다.

예를들어, 서울에 사는 40대 직장인이 가진 자산과 비교했을 때 “과연 나는 어디쯤에 와있을까?”라는 궁금증에 대해 “상위 19%”라는 답과 그들과 내 자산의 포트폴리오 구성이 얼마나 같고 다른지를 보며 자산 증식을 위해 선택할 수 있는 몇 가지 보기들을 제안받을 수 있는 것이다.

마이데이터 서비스는 여전히 연말정산이 어렵고 복잡하다고 느끼는 바쁜 직장인에게 개개인의 금융상황에 근거한 절세 노하우를 제시함으로써 그들이 모은 월급을 잃지 않도록 돕는다. 예를 들어, 매년 10월이 돼서야 국세청의 연말정산 미리보기 사이트에서 추정할 수 있었던 세금 환급액을 이제는 내가 원한다면 언제든지 미리 계산할 수 있고, 내 소득수준과 금융거래 성향이 고려된 절세 방법을 시기적절하게 안내받을 수 있는 것이다.

또한, 마이데이터 서비스는 체납이나 연체로 인해 가산금을 물거나 신용등급이 하락하는 등의 불이익을 받지 않도록 예방하는 역할도 한다. 예를 들어 자동이체, 대출 원리금 상환,

카드대금 결제, 보험료 납입 등의 금융 일정과 통신요금, 공과금, 재산세, 교통범

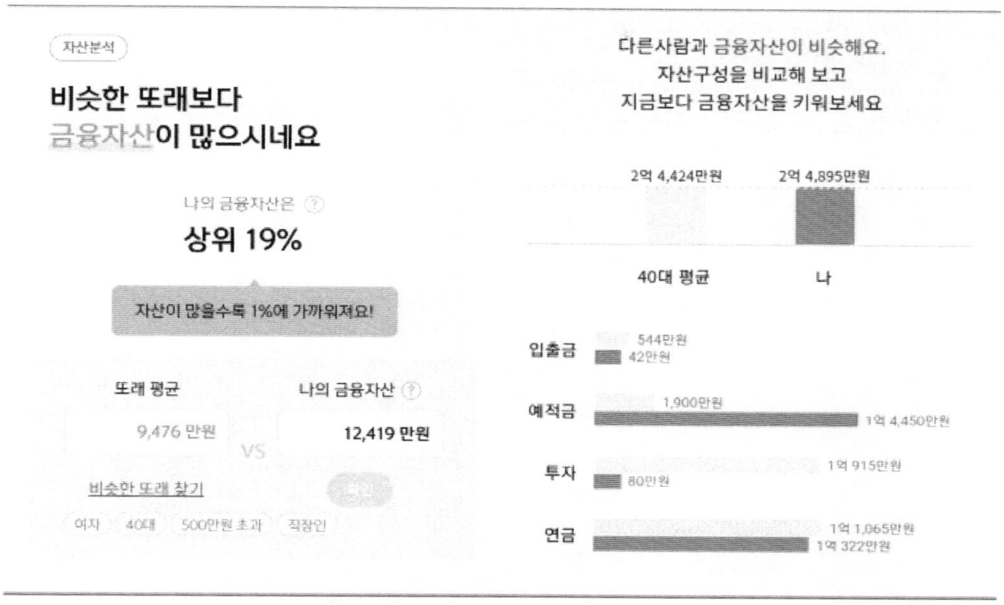

출처: 머니버스 자산분석 서비스   출처: NH마이데이터 자산진단 서비스

[그림 75] 마이데이터 자산분석, 진단 서비스

칙금이나 과태료 납부기일을 미리 알려주며, 매일 은행 또는 증권계좌에서 출금

될 금액을 예측하고 부족한 잔액을 즉시 충전하게 함으로써, 미납에 의해 발생할 수 있는 손실을 사전에 막아주는 것이다.

뿐만 아니라, 공모주나 주택청약 일정을 알려주어 투자 및 내 집 마련의 기회를 놓치지않도록 돕기도 한다.

(2) 자산 유지를 위한 소비관리

자산 유지의 두 번째 묘안은 절약이다. 절약은 언제 어디에 얼마의 돈을 지출하는지 아는 것에서부터 시작한다. 마이데이터 서비스는 이러한 소비패턴을 매주 또는 매월 주기적으로 분석하여 소비자에게 절약의 방법을 제시한다. 예를 들어, 병원이나 약국에서 많은 돈을 쓰는

소비자에게 의료기관에서 할인 또는 적립되는 신용카드를 추천하거나, 소비패턴에 따라 주로 사용하는 신용카드를 바꿨을 때 연간 얼마의 혜택을 더 받을 수 있는지 알려주는 방식으로 그들의 소비생활에 관여한다.

또한, 마이데이터 서비스는 소비자의 반복적인 소비행동을 예측하고 불필요한 지출을 그들 스스로 관리할 수 있게 돕는다. 예를 들어, 매월 정기적으로 결제되는 온라인 동영상이나 음원 스트리밍, 생활용품 배송 등의 구독서비스와 교통비, 통신요금, 보험료, 공과금 등의 고정 지출을 보여주고 무심코 소비하는 돈은 없는지 일깨워

줌으로써 월급이 통장을 스쳐 지나가지않도록 지켜주는 것이다.

(3) 공공데이터 활용

국가보조금 사업은 2만여 개에 달하지만 정작 지원대상자의 70%가 본인이 대상자인 사실을 모른다고 한다. 마이데이터 서비스는 공공데이터를 활용해 정부와 지자체에서 제공하는 보조금이나 지원혜택을 안내해준다.

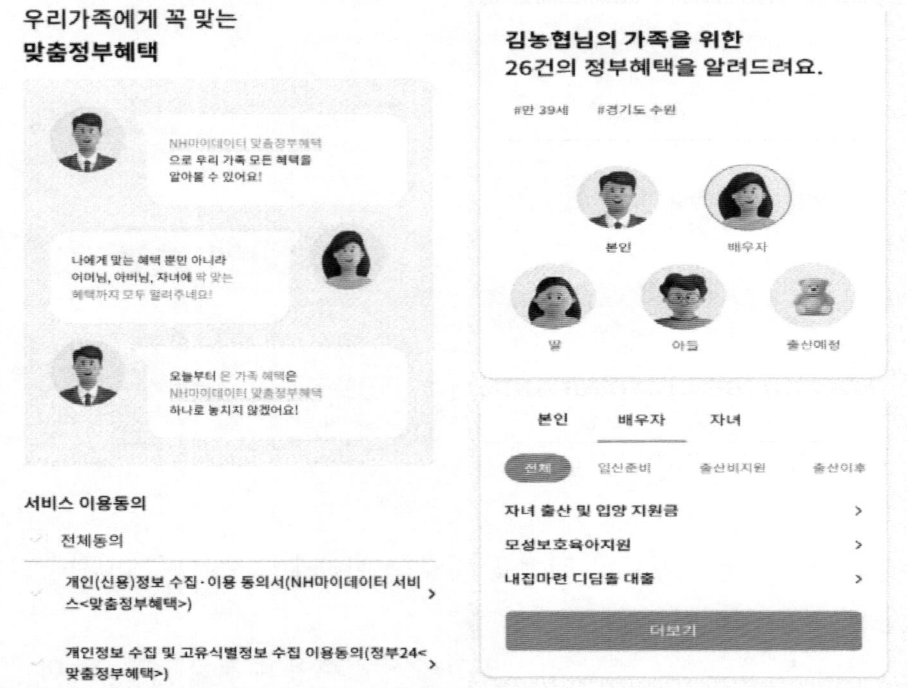

[그림 76] 마이데이터 맞춤 정부혜택 서비스

나) 마이데이터 서비스의 확대

절세를 위한 연말정산 상시 시뮬레이션, 연체 예방을 위한 금융일정 알림, 국가와 지자체가 제공하는 혜택을 모아 보여주는 서비스를 제외하고 현재 마이데이터 서비스는 대개 자산과 소비관리, 상품추천에 편중돼 있다. 아직 개인의 전송요구권5)을 인정하는 정보의 범위가 신용정보와 공공정보에 한하여, 표준 규격을 정해 데이터를 개방한 곳이 금융사와 몇몇 공공기관 등에 지나지 않기 때문이다. 금융과 공공데이터의 개방이 꾸준히 확대되고 있는 반면, 의료와 통신 데이터는 개방의 소식이 더디다. 정부가 마이데이터의 전(全) 산업 확산을

예고한만큼, 소비자의 권리 향상을 위해 활용할 수 있는 데이터가 지금보다 한층

더 넓고 깊어질 수 있도록 개방의 속도가 빨라질 것이라고 기대된다.

(1) 개방과 활용: 이종 산업과의 연결

마이데이터 사업자가 데이터 개방에 관심을 기울이는 이유는 소비자에게 어필할 수 있는 서비스에 대한 아이디어가 바로 다양한 데이터로부터 비롯되는 까닭이다. 소비자가 무엇을 좋아하고 무엇을 원하며 현재 그들에게 가장 필요한 게 무엇인지 알려면 그들에 관한 데이터를 들여다보는 것만큼 좋은 방법이 없다. 또한, 소비자의 관심이 항상 금융에만 머무르는 게 아니므로 그들의 수요9에 맞게 의료나 통신 등 여러 분야의 데이터를 결합한 서비스를 만드는 것도필요하다.

금융사는 주로 통신사와의 전략적 제휴, 의료 전문 핀테크 회사에 대한 투자를 통해 비즈니스 확장을 시도하고 있다. 이는 다수의 이용자를 보유한 통신사의 플랫폼과 연계하여 자사T&T(Traffic & Transaction)를 확대하고 실시간으로 쌓이는 소비행동 데이터나 건강 데이터 등의 비금융 데이터를 확보해 신사업 발굴에 활용하는 것이 주요 목적인 것으로 보인다.

금융사	제휴사	주요 내용
하나금융지주	SK텔레콤	금융정보와 비금융정보를 결합한 신사업 모델 발굴
신한은행	LG유플러스	데이터 커뮤니케이션 플랫폼 운영 등 데이터사업 협력
KB국민은행	KT	온라인 동영상 서비스(OTT) 이용 패키지 요금제 출시
하나은행	엔젠바이오	VIP 대상 개인 유전자 검사와 헬스케어 상담
미래에셋생명	지앤넷	보험금 간편 청구 서비스

[그림 77] 금융사별 제휴 현황

그렇다고 데이터의 개방 확대와 이종 데이터의 결합이 반드시 마이데이터 서비스의 성공을 보장하는 것은 아니다. 소비자를 면면이 들여다볼 수 있는 정보가 많아진 만큼 개개인의 성향과 취향에 맞는 콘텐츠가 없다면 해당 서비스는 어느 순간 소비자의 호응을 잃게 될 것이다.

단계	전망
산업 도입기	마이데이터 사업 시행 초기 다수의 사업자들이 자산관리 위주의 서비스 출시, 소비자 인식 낮음
시장 성장기	공공·의료·통신분야의 다양한 데이터를 활용하여 더 정교하고 차별화된 개인화 서비스 개발, 소비자 인식 향상
서비스 성숙기	소비자 분석(Knowing)을 넘어 소비자의 금융행동을 예측하는(Predicting) 서비스로 발전

[그림 78] 마이데이터 산업의 발전 단계별 전망

(2) 초개인화 : 분석을 넘어 나를 예측하는 서비스

마이데이터 서비스의 성패는 초개인화 수준에 달려있다. 다수의 마이데이터 사업자는 소비자가 조회한 데이터를 분석하여 금융상품을 추천하는 수준의 개인화 서비스를 시장에 내놓았고, 발 빠른 일부 금융사와 빅테크 기업은 금융과 공공, 의료, 통신 등 서로 다른 산업분야의 데이터를 융합하거나 머신러닝(ML, Machine Learning) 등의 최신 기술을 결합하여 서비스의 초개인화 수준을 끌어올리는 중이다.

초개인화 수준은 예측 정확도와 서비스 타이밍이 결정짓는다. 얼마나 정확히 소비자의현재 금융상황을 진단하고 가까운 미래 금융행동을 예측하는지, 또한 얼마나 적기에 소비자의 특성과 선호에 들어맞는 금융솔루션을 제안하는지에 따라 마이데이터 서비스는 소비자의 선택을 받기도 하고 외면을 당하기도 할 것이다.

(1단계) 분석과 추천	(2단계) 실시간 지원	(3단계) 예측과 대응
"김○○님의 지난달 지출은 200만 원으로, 온라인 쇼핑에 가장 많이 사용했어요. 고객님의 소비패턴에 꼭 맞는 카드를 알려드릴게요~"	스타벅스 근처에 있는 고객에게 보유 중인 PLCC 카드로 커피를 결제하면 할인이나 적립 혜택이 있다는 안내 메시지 발송	"내일 급여통장에서 500만 원이 출금될 예정으로 잔액 대비 270만 원이 부족할 것 같아요. 마이너스 통장보다 ○○예금 담보 대출을 이용하면 매월 이자 ○천 원을 아낄 수 있어요!"

[그림 79] 마이데이터 서비스 3단계 진화 과정: 초개인화 수준의 향상

(3) 컨설팅 기능 강화: 어시스턴트에서 어드바이저로 역할 전환

지금까지 자산관리 서비스가 소비자의 조력자로서 그들의 금융생활에 부드럽게 개입했다면 앞으로는 금융지식에 밝고 디지털에 능숙한 MZ세대 또는 뉴시니어의 높은 요구 수준에 맞게 역할의 전환이 필요하다. 예를 들어, 디지털 자산관리 서비스는 소비자의 조언자로서, 마치 은행이나 증권사의 자산관리 전담직원(Private Banker)처

럼 소비자의 자산형성과 현명한 소비생활에 필요한 자문은 물론이고, 로보어드바이저(Robo-Adviser)10) 등을 활용한 투자성향에 따른 투자 비중 결정, 자산군별 금융 상품 추천 및 선택, 자산 리밸런싱과 투자성과 관리에 이르기까지 소비자의 모든 금융 의사결정에 적극적으로 관여하게 될 것이다.

이러한 변화의 흐름에서 마이데이터업을 겸영하는 은행의 가장 큰 어려움은 투자일임업 규제이다. 마이데이터 사업자는 로보어드바이저를 활용한 투자일임업을 겸영할 수 있으나, 마이데이터 사업자라 하더라도 은행은 '은행법'에 따라 투자일임업의 겸영이 개인종합자산관리계좌(ISA, Individual Saving Account)에 한정13)돼 있다. 이로 인해 은행의 마이데이터 서비스를 이용하는 소비자는 로보어드바이저가 제시한 대로 자산을 재분배하기 위해 투자상품을 직접 매매해야 하는 등의 불편을 경험할 수 있다. 이 때문에 투자일임업 허용에 대한 은행권의 요청과 정책적 논의가 계속되고 있다.

2) 금융 데이터 융합 기술

가) 표준 API와 클라우드 컴퓨팅

마이데이터 사업으로 기업 간 데이터 이동이 활발해지면서 표준 API(Application Programming Interface)를 이용한 데이터 송수신이 주목받고 있다. 기존의 스크린 스크래핑 방식은 기업이 사용자의 인증 정보를 제공받아 화면에 보여지는 정보를 추출하는 형식이었다. 표준 API의 경우 기업이 직접 데이터에 접근해 필요한 정보만을 수집함으로써 과도한 개인정보 수집과 보안 위험에 대한 부담이 줄어든다. 표준 API 방식은 표준화한 형식으로 데이터를 관리하고 수집해 상호 운용성을 증대시키고 프로그램 개발을 용이하게 한다. 다수의 기업과 공공기관이 데이터를 공유하기 위해 표준 API를 개방하고 금융서비스에 표준 API 방식을 이용해 데이터 가공 결과에 대한 응답을 빠르게 적용하면서 AI 금융 모델에 대한 실시간 예측모델 도입이 쉬워졌다.

기업이 소유하는 빅데이터가 점차 방대해지면서 이를 저장·처리·분석하기 위한 비용이 증가했으며, 이를 해결할 대안으로 클라우드로의 전환이 가속화되고 있다. 클라우드 컴퓨팅은 서버 등의 IT인프라, 애플리케이션, 개발도구를 직접 소유하지 않고 인터넷 상의 서버를 이용해 필요한 만큼의 IT 자원에 대해 합리적 비용을 지불하고 이용하는 서비스다. 이를 이용해 IT 기반 시설 구축과 유지비용 감소 그리고 신기술을 개발하는데 필요한 IT 자원의 유동적 이용이 가능하다.

이에 따라 KB금융그룹은 하이브리드-멀티 클라우드전략을 세워 2024년까지 그룹 공동 클라우드 구축하는 계획을 발표했고, 농협은행은 2017년부터 클라우드를 도입해 점진적으로 기존 전산시스템을 클라우드로 전환하고 있다. 하나금융그룹은 2018년 금융권 최초로 그룹 공용 프라이빗 클라우드 시스템을 오픈한 뒤 지속적인 고도화 작업을 진행 중이다.
최근 전자금융감독 규정 개정에 따라 클라우드 도입이 가능한 정보가 비중요 정보에서 개인신용정보, 고유식별정보를 포함한 중요 정보로 확대되었으나 중요 정보를 클라우드에서 다룰 경우 금융감독원에 보고해야 하는 의무가 따른다.10 클라우드 이용 시 발생할 수 있는 장애나 재해 시 복구를 위해 클라우드 제공 기업은 서버 분산과 백업 등을 통해 이에 대비해야 한다.

나) 인공지능

최근 쇼핑, 유통, IT처럼 실생활과 밀접한 분야에서 소비 및 행동 트렌드 파악을 기반으로 한 고객별 세분화한 맞춤 서비스가 각광받고 있다. 금융 분야의 AI 서비스 도입은 영업활동 전반에서 변화를 가져오고 금융의 본질적인 신용 및 운용에 대한 비용 구조를 개선한다. 고객을 상대하는 앞단에서는 챗봇을 도입하고 상담 자동화를 실시해 업무를 경감시키고, 맞춤형 상품 추천이 가능해 고객 편의성 및 만족도를 높일 수 있다. AI를 활용한 신용평가, 여신심사, 보험 인수 과정의 고도화는 비즈니스 모델 혁신을 가져오고 있다. 이뿐만 아니라 내부의 단순, 반복적인 업무를 자동화함으로써 업무 효율성을 개선시킨다.

AI 신기술을 앞세운 빅테크 기업들은 기존 서비스와 간편결제 서비스를 접목해 금융시장에 진출하기 시작했다. 대표적으로 아마존 페이, 애플 페이, 구글 페이, 알리페이 등이 있다. 통신과 금융 데이터를 융합해 소상공인에게 양질의 금융서비스를 제공하는 방식도 나타나고 있다.

2020년에 금융 데이터에 AI를 적용하는 사례가 늘어나고 있다. 특히 금융의 프론트 서비스에 해당하는 챗봇, 로보어드바이저에 적용되던 AI가 미들·백 서비스로 확대되며 실질적인 AI 금융을 도입한 성과가 나타날 전망이다. 최근엔 이상거래탐지, 자금세탁방지, 머신러닝 로보틱 프로세스 자동화 등 업무탐지 부분과 자동화 부분으로 확대됐다. 나아가 금융의 핵심 업무인 신용평가, 기업위험도 예측, 여신서비스 자동화, 디지털 전략까지 확대되며 금융AI 활성화가 진행되고 있다. 이 같은 상황과 더불어 금융위원회는 인공지능 워킹그룹을 운영해 '금융분야 인공지능(AI) 활성화' 방안을 2023년 말까지 마련할 계획이라고 밝혔다.

구분	활용사례
프론트 오피스 서비스	챗봇, AI 스피커, 로보어드바이저, 스마트 ATM 등
미들 오피스 서비스	렉테크(Regtech), 자금세탁방지(AML), 이상금융거래탐지시스템(FDS), 약관 자동 비교 분석 등
백 오피스 서비스	AI 기반 신용평가, 로보틱 프로세스 자동화(RPA), 기업위험관리, 여신서비스 자동화 등

[표 9] AI 기반 금융서비스 분류

3) 사례

가) 은행업

은행의 오픈뱅킹 서비스는 은행의 핵심 금융기능을 표준화해 다른 사업자에 개방하는 은행권 공동 인프라를 구축해 고객이 하나의 앱에서 금융정보 조회와 은행 업무를 하는 것을 가능하게 한다. 오픈뱅킹 서비스는 2019년 10월 말 시범 도입된 뒤 동해 12월 전면 시행됐으며 각 은행은 차별화된 서비스와 편리한 UI를 내세워 고객을 선점하기 위해 노력 하며 대부분의 시중은행에서 우리원(WON)뱅킹(우리은행), 쏠(SOL)뱅킹(신한은행), 스타뱅킹(KB국민은행), 하나원큐뱅킹(하나은행) 등의 오픈뱅킹 앱을 선보였다.

나) 카드사

카드사는 고객의 구매 이력이라는 활용성이 높은 정보를 바탕으로 데이터 상품 등록과 이종 산업 간의 데이터 거래가 활발한 업종이다. 카드사는 금융정보 이력이 부족한 씬파일러(Thin Filer)의 공과금, 세금, 통신비 납부 등 다양한 카드 사용 내역을 추가적인 신용평가 데이터로 활용해 대출 상품의 문턱을 낮추고 있다. 신한카드와 KB국민카드는 개인사업자 신용평가 서비스 '마이크레딧'과 '크레딧트리'를 차례로 출시했다.

카드사는 이상거래탐지(FDS) 업무에 머신러닝을 활용하는 수준까지 끌어올렸다. 이는 방대한 양의 고객의 카드 이용 패턴을 학습하고 부정사용 징후를 탐지하는 것으로, 카드사와 핀테크 기업 간에 활발한 협업이 이뤄지고 있다. 그 예로 우리카드는 에이젠글로벌과 함께 딥러닝 기반 이상금융거래탐지시스템(FDS) 구축 사업을 추진하고 자동화한 AI 솔루션 아바커스를 활용해 이상거래 탐지율을 높이고 새로운 사고 패턴의 재학습이 가능한 모델을 구축했다.

다) 금융투자업

기존의 금융투자업은 고액 자산가들을 대상으로 투자자문과 일임 등의 서비스를 제공했다. 하지만 고객의 금융 정보는 물론 투자 성향에 대한 정보를 수집하고 분석하는 것이 가능해지면서 일반 고객을 대상으로 한 자산관리 및 투자 상품 추천 등이 가능해졌다.

실제 신한금융투자는 신한카드 등 계열사 간 정보를 교류해 해외주식구매와 추천 모델을 개발했다. KB증권은 엔씨소프트, 디셈버앤컴퍼니 자산운용과 간편투자 증권사 출범을 계획하고, 로보어드바이저와 인공지능 프라이빗뱅커(PB)를 활용해 자산운용 및 자산관리 자문 서비스를 제공할 계획이다.

라) 보험업

2019년 7월 금융당국은 보험사의 건강관리 서비스 부수업무를 허용했다. 헬스케어 서비스는 고객의 건강 데이터를 분석해 차별화된 건강관리 서비스를 제공하고, 고객의 목표달성 여부에 따라 정해진 보상 혹은 보험료 할인 혜택을 제공한다. 그 예로 교보생명은 앱 '케어(Kare)'를 선보여 고객의 신체정보에 따른 맞춤형 건강증진 솔루션을 제공한다. 10여 개 질환의 위험도 예측과 건강관리 방안, 건강검진 데이터 트래킹 등의 서비스가 이에 해당한다. 인슈어테크는 기존 보험산업에 데이터 분석과 인공지능 기술을 활용해 혁신적인 서비스를 제공하는 것으로, 캐롯손해보험은 주행거리만큼 보험료를 계산하는 퍼마일 자동차보험을 출시해 저렴한 보험료를 제공하고 있다.

마) 핀테크 기업

에이젠글로벌은 오픈된 개인신용정보를 활용해 'Credit'을 시각적으로 지도화한 크레딧투맵(Credit to Map)을 완성했다. 또한 기업의 신용데이터를 지역, 업종, 등급 등 차주의 속성별 대출규모와 AI 기반의 분석을 통해 기업의 빅데이터 분석에 활용했다. 이같은 데이터 분석 및 AI 적용은 금융서비스 초개인화의 근거를 마련할 수 있다. 향후 보험신용정보를 활용해 생애주기별 보험의 평균 가입율과 종목 등을 분석해 보험 상품 추천에 활용될 것이다.

통신업의 금융업 진출도 활발히 이루어지고 있다. SK텔레콤은 하나금융그룹과 손잡고 핀테크 업체 '핀크(Finnq)'를 선보였다. 핀크 앱을 이용해 오픈뱅킹 기반의 편리한 금융서비스를 제공하고, 고객의 휴대폰 이용 정보를 바탕으로 한 비금융정보 신용평가서비스인 'T스코어'를 제공한다. 이 같은 T스코어는 기존에 신용평가에서 불이익을 받은 씬파일러의 신용평가 등급을 개선시킴으로써 금융 소외계층을 포용하는 데 기여했다.

나. 헬스케어[39)]

헬스케어 데이터산업은 사회가 발전하고 인간의 삶이 윤택해질수록 더욱 발전하고 고도화가 이루어지고 있는 분야이다. 하지만 개인의 민감한 의료정보를 다루는 '의료법'과 '생명윤리 및 안전에 관한 법률'로 강력한 규제를 받는 산업이기도 하다. 그러한 강력한 제약이 있음에도 헬스케어분야의 사회적 수요와 활용처는 가파르게 증가하고 있다. 최근 헬스케어분야의 발전을 위해서 법적인 규제와 제약의 한계를 뛰어넘고자 하는 시도가 다방면으로 이루어지고 있다.

규제자유특구에 헬스케어데이터 안심존이 개설되면서 개인을 특정할 수 있는 민감데이터의 유출을 방지하면서도 헬스케어 관련 정밀의료 기술을 개발할 수 있는 기술이 등장하였다. 그리고 헬스케어데이터를 활용한 기술을 개발하고자 할 때 개인을 특정할 수 있는 연결된 개인

정보를 가명화하여 개인정보침해의 위험성은 낮추고 개인의 의료적인 특성만을 추출할 수 있게 되었다. 법적인 한계를 뛰어넘고 개인정보의 유출 없이 안전하게 헬스케어데이터를 활용하

기 위하여 정부-병원-기업의 긴밀한 협력과 논의가 이뤄지고 있는 중이다.

정부에서는 디지털 전환을 통해 디지털플랫폼정부로 나아가고자 하고 있다. 디지털

39) 데이터산업백서

플랫폼정부란 최신 디지털 기술을 활용하여 다양한 데이터의 통합과 융합을 통해 사회문제를 해결하고 새로운 가치를 창출하는 정부를 뜻하는 것으로 이번 정부에서는 디지털 플랫폼을 통해 국민 맞춤형 서비스를 실현하는 것을 강조했다. 의료 빅데이터와 인공지능 기술을 활용해 헬스케어분야를 집중적으로 육성 및 발전시켜서 국가 차원에서의 다양한 R&D 투자와 지원이 이뤄지도록 하고 있다. 이에 따라, 더욱 고도화된 헬스케어데이터 기반의 서비스가 등장 중이다.

이처럼 헬스케어 데이터산업은 고부가 가치를 생산해내는 핵심 원동력 중 하나이다.

1) 헬스케어데이터 활용 산업의 국내·외 동향

최근 헬스케어데이터의 사용범위가 넓어지고 그 수요가 증가하고 있다. 국내외 관련 기업들이 헬스케어데이터 활용 산업에 뛰어들고 있을 뿐만 아니라 스타트업들도 새롭게 생겨나고 있다.

세계가 주목하는 국내 인공지능 스타트업 TOP10에 따르면 헬스케어데이터가 활용되는 의료분야에 해당하는 기업은 세 곳으로 전체에서 큰 비중을 차지하고 있다. 대기업 역시 헬스케어 산업에 진출하고 있다. 네이버와 카카오가 각각 네이버 케어, 카카오 헬스케어란 이름으로 상표등록을 하면서 헬스케어데이터분야에 본격적으로 투자하기 시작하였다.

네이버 케어는 사내 병원을 만들면서 원격의료 사업 확대를 염두에 두고 디지털 헬스케어 서비스를 확대해 나가는 중이다. 네이버의 라인 앱의 경우엔 병원 검색, 예약, 진료, 결제를 한 번에 할 수 있는 '라인 닥터'로 일본에 진출 중에 있다.

카카오 헬스케어는 국립암센터와 상호협력 업무협약을 체결하면서 '암생존자 통합지지 프로그램'의 온라인(모바일) 서비스 개발을 위한 협력체계를 구축하는 등 헬스케어 데이터 서비스 개발에 박차를 가하고 있다.

이뿐만이 아니라 네이버와 카카오는 각자 디지털 헬스케어 시장의 폭발적 성장세가 있음을 판단하고, 이를 확대하기 위하여 관련 스타트업들에 본격적인 투자를 이미 시작하였다. 이로 인해 헬스케어를 위한 빅데이터 시장의 규모는 더욱 성장할 것으로 판단된다.

순위	기업명	분야	주요 비즈니스 사례
1	LAON PEOPLE	머신비전	• 생산공정 혁신을 위한 AI 기반 머신비전 솔루션
2	JLK	의료	• 질병 진단을 보조하는 AI 기반 올인원 의료 플랫폼
3	Flitto	번역	• 집단지성을 활용한 모바일 기반 소셜 번역 플랫폼
4	MINDs Lab.	클라우드	• 누구나 사용할 수 있는 API 기반 구독형 AI 서비스
5	VUNO	의료	• 의료 임상 효율화를 위한 AI 의료영상 분석 솔루션
6	Riiid	교육	• 맞춤형 학습 커리큘럼을 설계하는 AI 튜터 솔루션
7	Law&Company	법률	• 개인화된 법률상담이 가능한 AI 법률 서비스 플랫폼
8	noul Beyond diagnostics	의료	• 15분 만에 혈액검사가 가능한 AI 의료 진단 키트
9	crowdworks AI & HUMAN RESOURCES PLATFORM	데이터	• 크라우드소싱 기반 AI 학습용 데이터 전처리 플랫폼
10	QRAFT	금융	• 자산 투자전략을 세워주는 AI 자산운용 솔루션

출처: 인공지능협회, 2020 KOREA AI Startups, 2019.11.26., 투자유치 규모 기준

[그림 80] 세계가 주목하는 국내 인공지능 스타트업 TOP 10

가) 임상 연구 및 진료 데이터

임상데이터는 의사, 간호사, 약사, 물리치료사, 의무기록사, 행정 담당자 등 의료기관 관련자가 사람을 대상으로 한 진료 과정 중에 생성하는 인구 통계학적 정보, 진단, 치료, 처방, 실험실 검사, 생체 모니터링, 입원 기록, 간호기록 및 영상, 진료비 등의 데이터를 의미한다. 진단 기술이 발전함에 따라 인간이 입력하지 않고 의료장비로부터 직접 생산돼 저장되는 데이터의 양이 점점 늘어나고 있다. 전자문서 형태인 전자의무기록과 처방전달 시스템에 기록되며 엑스레이나 MRI 같은 영상 데이터는 영상저장전송시스템(PACS)에 저장돼 관리된다.

기업명	사업·프로젝트	내용
구글헬스와 자회사 베릴리(Varily)	의료영상 빅데이터로 학습시킨 인공지능을 이용한 질병 진단	• 구글헬스는 2016년에 당뇨병의 증상인 망막증과 황반부종의 영상 빅데이터를 AI에게 학습시켜 이를 토대로 당뇨성 망막병증을 정확하게 진단할 수 있는 딥러닝 기반의 인공지능을 발표함. 이후 발전을 거듭해 구글헬스의 인공지능은 망막 안저사진(Retinal Fundus Photographs)을 판독해 최고 수준의 인간 안과의사와 대등한 수준의 진단 정확성을 확보 • 구글헬스는 2019년에 인도의 아라빈드 안과 병원에서 본격적인 임상 실험 개시. 인도는 안과 의사가 10만 명이 부족하고 당뇨병을 앓는 7200만 명 가운데 600만 명 이상이 당뇨성 안과 질환으로 판정 • 구글헬스의 이 알고리즘은 유럽연합 의료기기 표준 인증을 획득
ICON plc, Medpace Inc, Syneos Health 등 글로벌 CRO 기업	빅데이터를 활용한 임상주기 단축과 비용절감	• 글로벌 CRO 업체들과 디지털 솔루션 제공 업체들이 함께 실사용증거(Real World Evidence)의 임상 빅데이터를 효율적으로 사용해 임상 비용을 줄이고, 임상 주기를 단축하고자 'Align Clinical CRO'를 구축 • 축적된 정형 및 비정형 데이터를 활용해 각 임상에 최적화된 환자를 빠르게 모집하고, 후보약물을 빠르게 발굴하며 이를 통해 임상이 진행되지 못한 희귀질병에 대한 임상과 신약개발이 가능할 것으로 기대

[표 10] 임상진료 데이터 활용 사례

나) 유전체를 포함한 오믹스 데이터

오믹스(Omics) 데이터는 인체로부터 수집된 인체구성물의 DNA/RNA 시퀀스 정보 및 미세결실검사(microarray) 분석 정보를 의미한다. 최근에는 국내 병원에서도 암 유전체를 분석한 맞춤형 의료 서비스가 본격적으로 시작되고 유전체분석 전문 기업들이 등장해 사업화가 활발하게 진행되고 있다. 차세대 유전체분석기술(Next Generation Sequencing, NGS)에 기반을 둔 암유전체 패널 검사 서비스는 지금까지 알려진 유전자 변이 수십 개를 하나의 패널로 구성해 유전성 질환과 비유전성 암의 필수 유전자를 대상으로 각 질병을 일으키는 유전자 돌연변이를 찾아내고, 돌연변이에 따른 표적 치료제를 추천해준다. 유전체분석 전문 기관에서 수탁하고 여기에서 제시된 유전체분석 리포트를 기반으로 환자 치료를 시행하는 방식이다.

기업명	사업 ·프로젝트	내용
닥터노아 바이오테크	유전체 데이터와 인공지능을 활용한 희귀질환 타깃 약물 재창출	• 희귀질환 치료제 중 복합체를 예측할 수 있는 플랫폼 'ARK' 개발 • 의약학 문헌 정보 및 유전체 데이터, 인공지능을 이용해 환자의 특성에 맞는 최적의 약물 조합을 예측해주는 시스템 • 기존에 승인된 약물 혹은 임상에서 실패한 약물을 2~3개 조합해(약물 재창출 기법) 새로운 기능을 갖는 복합체로 재탄생
신테카바이오	차세대 유전체분석기술(NGS)로 개인 유전체 데이터 분석을 통한 정밀의학	• 개인 유전체 데이터 분석으로 컴퓨터 기반 가상 임상시험, 환자 맞춤형 치료 및 약물 재창출 등을 개발하는 유전체 헬스케어 빅데이터 기업 • 핵심기술은 특정 질환을 앓는 환자들의 유전체 빅데이터를 이용해 특정 약물에 효과가 있는 군과 그렇지 않은 군, 또는 부작용이 있는 군을 찾아내는 '개인유전체맵 플랫폼' 임
메디젠 휴먼케어	유전체 패널검사를 통한 질병 위험도 분석	• 자체보유한 질병패널검사 시스템으로 남성 암 17종, 여성 암 19종 등 다양한 질병에 대한 위험도를 분석할 수 있는 유전체 검사 진행 • 유전체분석 결과 및 생체지표 검사를 바탕으로 전문의, 전문 영양사 및 유전학 전문가의 자문을 이용해 개인 맞춤 솔루션 제공, 정기적으로 검사

[표 11] 유전체 포함 오믹스 데이터 활용 사례

다) 개인 건강 데이터 및 라이프로그

개인 건강 데이터(Personal Health Record, PHR)는 병원에서 진료가 이뤄지는 동안 지속적으로 수집·제공되는 개인의 일상 헬스케어 데이터이며 개인의 기록, 웨어러블기기, 스마트폰 등을 통해 수집된다. 이는 유전 데이터 및 의료 데이터, 건강검진 데이터와 합쳐져 상호 상관 관계 분석을 통해 개인 맞춤 의료(Personalized Medicine), 정밀 의료(Precision Medicine)의 중요한 한 축을 이룬다.

기업명	사업 ·프로젝트	내용
모바일닥터	'열나요' 앱 서비스	• 부모가 입력하는 아이들의 체중, 증상, 해열제 복용, 진단명, 예방접종 여부 및 체온 등의 데이터를 분석해 영유아 체온 관리를 위한 새로운 의학지식과 다양한 서비스를 제공 • 체온기록 400만 건, 해열제 입력 100만 건, 진단명 5만 건 및 예방접종기록 5만 건에 해당하는 헬스케어 빅데이터 보유 • 최근에는 이와 같은 데이터를 이용해 머신러닝 기반의 독감 스크리닝 프로그램을 개발중
웰트	벨트형 헬스케어 디바이스로부터 측정된 PHR 빅데이터를 활용한 헬스케어 솔루션 및 서비스 개발	• 환자에 의해 생산되는 건강 데이터 중 주로 디바이스에서 생산되는 라이프로그를 기반으로 허리둘레, 활동량, 식습관 등을 모니터링해 독창적인 맞춤형 비만관리를 위한 웰니스 솔루션을 확보
메디블록	블록체인 기술을 이용한 개인건강기록 플랫폼 개발	• 핵심 기술은 블록체인 기술을 이용해 이를 바탕으로 개인 건강기록 플랫폼을 만들고 분권화된 저장소에 데이터를 저장하며 플랫폼 참여자에게 가상화폐로 보상을 주는 것 • 플랫폼을 이용해 개인 사용자는 헬스케어 빅데이터를 만들어내고 연구자나 기업은 사용자로부터 헬스케어 빅데이터를 안정적으로 획득

[표 12] 개인 건강 데이터 활용 사례

라) 공공기관에서 발생하는 청구 데이터

청구 데이터는 국민건강보험공단, 건강보험심사평가원, 보험사 등에서 발생하는 데이터를 말한다. 보험급여가 책정된 항목의 질병에서는 시계열별로 처치, 시술, 검사 등의 진료 내역, 진단명, 보험자 지급 비용, 환자부담금, 환자 인구통계학적 특성, 요양기관 정보 등 다양한 정보를 얻을 수 있다. 그러나 비급여 항목에 대한 데이터는 확보하기 어렵다는 단점이 있다.

기업명	사업 ·프로젝트	내용
코아제타	청구 데이터를 분석해 제약사에게 제공	• 청구 데이터인 건강보험심사평가원의 빅데이터를 기반으로 의약품의 사용 패턴과 특징을 분석하고 시각화해 제약사에게 서비스 제공 • 이를 위해 PBD(PharmaBigData)라는 의약품 분석 및 시각화를 위한 서비스 개발
미국 누나(NUNA) 헬스케어	메디케이드 데이터 관리 분석 플랫폼 제공	• 미국 정부 의료 프로그램인 메디케이드와 연관된 데이터 분석 표준화 플랫폼 구축 • 미국 전역에 걸쳐 7300만 명이 넘는 빈곤층, 장애인 및 어린이 데이터를 관리하는 메디케이드에 대한 최초의 표준화된 데이터 플랫폼 제공 • 메디케이드 대상자들 치료 등의 청구 데이터 정보를 이용해 클라우드 컴퓨팅 데이터베이스를 구축하고 고객들에게 자료 제공

[표 13] 청구 데이터 활용 사례

2) 헬스케어 데이터산업과 의료 인공지능

가) 빅데이터 시장의 확대

헬스케어를 위한 빅데이터 시장의 규모는 급속도로 성장 중이다. 보건의료 빅데이터 관리시스템에 대한 최신 동향에 따르면 헬스케어를 위한 빅데이터 시장은 2013년에 52억 달러 규모에서 2023년에는 629억 달러에 이를 것으로 예측하고 있으며, 국내 시장의 경우 2013년에 857억 원 규모였던 것이 2023년에는 세계시장 성장률을 웃돌아 약 5,600억 원의 규모로 확대될 것으로 전망하였다.

구분		2013	2018	2023	연평균 성장률(%)
서비스	건강관리	525.0	1,147.0	1,824.0	9.38
	예측의료	4.4	6.7	10.5	9.47
	유전자	17.0	2.8	42.0	8.41
DB관리	데이터 저장-통합	27.3	146.4	346.2	21.27
	데이터 해석-분석	1.6	6.9	34.4	37.55
	시각화-빅데이터	23.0	92.4	248.0	19.62

출처: 장성재, "보건의료 빅데이터 관리시스템 최신 동향", BRIC, kobic, (2017년 3월)

[그림 81] 보건의료 빅데이터 해외시장 규모 (단위 : 억 달러)

나) 헬스케어데이터를 활용한 의료용 인공지능 시장의 확대

헬스케어 데이터의 활용처가 넓어지면서 데이터의 구축에 대한 수요가 증가하고 있다. 헬스케어 분야에서의 데이터 분석에는 전자의무기록을 통한 임상적 의료데이터의 분석, 생명과학 분야에서 인체 유전자 데이터를 통한 유전자 치료 방법과 기기 개발을 위한 분석, 정밀한 디지털 치료제 개발을 위한 디지털 바이오마커 탐색과 활용을 위한 분석, 헬스데이터를 활용한 인공지능 솔루션 개발을 위한 분석까지 계속해서 사용처의 범위가 넓어지고 있으며, 데이터 분석가에 대한 수요도 증가하고 있다.

글로벌 시장 규모는 2020년도 기준 20억 6,800만 달러에서 2026년에는 72억 2,900만 달러로 연평균 성장률이 28.4%에 달할 것으로 전망되고 있고, 국내 시장 규모는 2020년도 기준 2억 7,500만 달러에서 2026년에는 25억 8,300만 달러로 연평균 성장률이 45.2%에 달할 것으로 전망되고 있다.

이러한 시장 확대 전망에 비해 국내 헬스케어 관련 데이터 분석가의 공급은 매우 부족한 실정이다. 수요 대비 공급부족 현상을 해소하기 위하여 정부에서는 2022년 5월 보건복지부 주관의 '의료 인공지능 융합인재 양성 사업'을 공고하여, 의료 및 인공지능 역량이 융합되어 헬스케어데이터 분석능력을 갖춘 인재를 양성하기 위한 대학 사업단을 선정하는 등의 노력을 이어가고 있다.

다) 헬스케어데이터 기반의 혁신기술

헬스케어데이터 시장이 확대되고 활용처가 다양해짐에 따라, 기존에는 할 수 없던 고도화된 헬스케어 기술이 개발되고 있다. 맥킨지 글로벌 연구소(McKinsey Global Institute)는 향후 20년간 사람들의 건강에 중요한 영향을 미칠 수 있는 10가지 혁신기술을 선정하였다.

이 기술들은 양질의 헬스케어데이터를 기반으로 혁신적 기술발전이 이루어지고 있는 분야이다.

제공물별 시장 규모 및 전망	■ 소프트웨어 부문 44.7% 증가
	■ 하드웨어 부문 43.3% 증가
	■ 서비스 부문 52.0% 증가
기술별 시장 규모 및 전망	■ 머신러닝 46.8% 증가
	■ 자연어처리 41.7% 증가
	■ 상황인식 컴퓨팅 44.1% 증가
	■ 컴퓨터 비전 46.1% 증가
최종사용자별 시장 규모 및 전망	■ 병원 및 의료 제공자의 수요 46.5% 증가
	■ 보험자의 수요 34.9% 증가
	■ 의약품 및 바이오 테크놀로지 기업의 수요 43.7% 증가
	■ 환자의 수요 48.6% 증가
	■ 기타 최종사용자의 수요 36.8% 증가
용도별 시장 규모 및 전망	■ 환자 데이터 및 리스크 분석 41.1% 증가
	■ 사이버 보안 33.5% 증가
	■ 입원 치료 및 병원 관리 44.9% 증가
	■ 의료용 영상 및 진단 56.7% 증가
	■ 가상 비서 54.7% 증가
	■ 생활습관 관리 및 모니터링 43.8% 증가
	■ 약물 발견 47.2% 증가
	■ 연구 40.5% 증가
	■ 의료 지원 로봇 39.5% 증가
	■ 정밀 의료 48.4% 증가
	■ 응급실 및 수술실용 46.0% 증가
	■ 웨어러블 41.1% 증가
	■ 정신건강 43.1% 증가

[그림 82] 헬스케어데이터를 활용한 글로벌 의료용 인공지능(AI) 시장(2020~2026년)의 시장 규모 전망

이처럼 헬스케어데이터를 기반으로 과거엔 상상만으로 존재하던 미래형 신기술이 현실이 되어가고 있는 중이다.

(1) 디지털치료제

코로나 팬데믹 이후 비대면 진료가 늘어남과 동시에 디지털 헬스케어에 대한 관심과 기술이 크게 늘었다. 이 흐름에 따라 제약·바이오 산업분야에서도 제3의 의약품 또는 3세대 치료제로서 디지털 치료제(DTx, Digital Therapeutics)의 개념이 나타나게 되었다.

디지털 치료제는 질병을 예방·관리 및 치료하고 건강을 증진시키는 소프트웨어(SW)이지만, 이를 사용하기 위해서는 의사의 처방이 필요하다.

헬스케어 기술		개요
1. 오믹스 및 분자 기술	개요	바이오 혁명의 핵심 기술로서 세포 내 다양한 유형의 분자인 DNA와 RNA 등을 인체 및 바이오 데이터를 통해 의학적 진단 및 치료에 활용
	예시	CRISPR 유전자 편집 기술을 통한 말라리아를 전파하는 모기의 유전자 변형을 통한 질병 전파 억제
6. 인체 연결 및 인지 장치	개요	휴대용, 웨어러블, 섭취 가능 또는 이식 가능 장치는 건강 및 피트니스 정보를 모니터링하고 환자와 간병인 커뮤니티를 참여시키고 자율적으로 자체 조절된 치료법을 제공함
	예시	현재까지는 심장을 지속적으로 모니터링하기 위하여 배터리로 48시간만 작동되는 기계장치를 사용했기에 환자에게 불편감을 초래하였음. 심장 진단을 위한 전자 문신(e-tattoos)은 더 오랫동안 심장을 모니터링하고 환자를 더 편안하게 함과 동시에 임상의사의 결정을 향상시키기 위해 더 넓은 범위의 데이터를 수집 및 제공함
7. 전자약(Electro-ceuticals)†	개요	극소형 전자치료약은 장기의 신경회로를 표적하여, 인체의 신경회로를 측정 후 매핑하고 신경자극을 통해 치료에 활용됨
	예시	현재까지는 만성 통증 관리를 위한 마약성 진통제를 포함한 여러 약물을 활용하거나 비효율적인 후기 수술을 해왔음. 현재 개발되고 있는 만성 통증 완화를 위한 이식용 마이크로칩은 척수 자극을 하여 환자로 하여금 이동성과 수면의 질을 높이고 진통제의 필요성을 낮추어 삶의 질을 향상시키는 데 도움을 주게 됨
9. 디지털 치료제†	개요	광범위한 신체적, 정신적, 행동적 상태에 대한 이러한 예방 및 치료 증거 기반 개입은 디지털 치료제 소프트웨어에 의해 제어되고 이에 영향 받는 질병들을 치료할 수 있음
	예시	AI를 기반한 행태개선 디지털 치료제 앱으로 의사들로 하여금 약물이나 별도의 치료방법이 요구되지 않을 수 있는 만성질환 환자들에 처방하여 AI를 통해 환자 데이터 및 행동을 측정해서 건강에 불리한 행태를 제어하도록 하고 건강한 생활방식을 채택 및 유지하는 데 도움을 주어 만성질환의 증상을 개선하고 치료함
10. 의료 서비스 기술 지원	개요	새롭고 더 큰 통합 헬스케어 데이터세트와 향상된 새로운 헬스케어데이터 분석 기술의 결과로서 치료에 대한 통찰력을 더욱 쉽고 빠르게 얻게 되어, 의사는 환자에게 적용하여 더욱 효과적인 치료의 결과를 얻어내고 효율성을 개선하도록 도움
	예시	기존의 데이터 관리 시스템과 환자, 지불자, 제공자 간의 비효율적인 의사소통 시스템은 치료의 연속성을 방해하여 치료의 효율성을 크게 낮추는 요인이었음. 온라인 플랫폼을 통한 혁신적인 멀티채널 의료 정보 전달 서비스는 의료인 간의 데이터 공유능력을 향상시키기에 환자가 다른 지역에 가더라도 갖고 있던 질병을 연속적으로 관리할 수 있도록 연결시킴. 특히 혈당 관리가 중요한 당뇨병과 같은 만성질환 관리에 큰 효과성을 보임

[그림 83] 건강 관련 10가지 혁신기술

국외의 경우 수면 무호흡증 디지털치료제(레즈메드, 미국), 심리학 기반 디지털치료제(눔, 미국), 내분비질환 관리 및 치료를 위한 디지털치료제(오마다, 미국), AI 기반 근골격계 물리치료 디지털치료제(소드헬스, 미국) 등 일반적인 복용하는 의약품이 아닌 AI 알고리즘을 통하여 치료될 수 있는 만성질환 또는 정신질환분야의 디지털치료제가 증상별로 개발되고 있다.

국내에서도 만성폐쇄성폐질환(COPD)을 가진 환자가 처방받은 디지털 치료제로 집에서 스스로 호흡기 재활 치료를 진행할 수 있도록 하는 레드필 숨튼(라이프시맨틱스, 한국)이 개발 중에 있으며, 2019년에 임상시험계획 승인을 받은 디지털치료제로 뇌 손상에 의한 시야장애를 가상현실(VR)기기에 의한 자극을 부여함으로써 시각 인지능력을 높여 치료하는 뉴냅비전(뉴냅스, 한국) 등 만성질환과 정신질환분야에서의 다양한 디지털치료제 개발에 박차를 가하고 있다. 또한 디지털치료제는 개인의 헬스케어데이터를 수집하고 AI 학습을 통하여 환자의 질병 특성이나 현재 상태에 따라 더욱 적합한 치료형태로 실시간 조절이 능동적으로 가능하다.

(2) 전자약

의료 인공지능, 디지털 헬스케어 산업과 정밀 전자기기 및 정밀의료 분야가 성장하면서 디지털치료제뿐만 아니라 전자약(Electroceuticals)은 3세대 치료제로 꼽히고 있다.

전자약은 전자(Electronic)와 약품(Pharamceutical)의 합성어인데 뇌와 신경세포에 발생하는 전기신호에 관여하여 질병을 치료하는 전자장치이다. 모바일 앱이나 게임, 가상현실(VR) 등의 소프트웨어를 기반으로 환자에게 치료 효과를 제공하는 것이 디지털치료제라면, 전자약은 인체의 뇌나 신경, 세포 등에 전자적인 물리적 자극을 가함으로써 우울증, 치매, 뇌전증, 안면신경마비, 이명 등 정신질환 및 뇌신경질환의 치료에 활용할 수 있고 더 나아가서는 항암치료에도 이용할 수 있게 될 전망이다.

기존의 의약품이 전신에 영향을 미치는 화학적 약물이었던 것과는 달리 특정 부위에 제한적인 효과를 부여하기에 부작용이 상대적으로 적은 것으로 평가되고 있다. 그리고 처방 중인 전자약으로부터 치료 상황을 담은 헬스데이터가 의료진에게 지속적으로 전달되어 모니터링을 할 수 있기에 원격진료 및 재택치료에 적극 활용될 수 있다.

우리나라 전자약 중 편두통 완화 의료기기인 두팡(와이브레인, 한국)은 식품의약품안전처의 허가를 받아 전국의 약국에 전자약을 유통하고 있는데 이마의 삼차신경 부위에 경피신경자극을 주어 과활성화된 신경을 안정시켜 편두통을 완화시키는 원리이다. 뇌자극 정밀 치료에 활용할 수 있는 전자약인 고정밀 경두개 직류전기자극을 이용한 알츠하이머병 치료기술(뉴로핏, 한국) 또한 개발되고 있다.

해외의 경우 뇌 삼차신경에 전자 패치를 통한 자극을 가한 ADHD 질환 치료 전자약으로 Monarch eTNS(NeuroSigma, 미국)를 미국 식품의약국(FDA)으로부터 ADHD에 대해 최초의 승인을 받은 후 출시되었으며, 전기장 치료로 암세포의 분열을 억제해 악성 뇌종양을 치료하는 전자약인 Optune(Novocure, 미국)이 개발 중인데 종양이 있는 신체 부위에 착용하여 비소세포폐암, 췌장암, 난소암 등에 임상시험을 하고 있는 중이다.

다. 제조[40]

인공지능(AI) 기술을 소비재가 아닌 제조업 같은 산업에 적용하는 것을 산업 인공지능(Industrial AI)이라고 한다. 2015~2017년 사이에 제조업에서 사물 인터넷(IoT), 빅데이터 기술을 통해 광대한 데이터가 축적되면서 AI 기술을 도입하려는 시도가 본격화됐다. 24시간, 365일 쉬지 않고 생산이 이뤄지는 공정에서는 산업 분야에 따라 하루에도 테라바이트 이상의 방대한 데이터가 생산장비, 설비, 공정, 제품에서 만들어진다. 제조기업은 이런 빅데이터를 머신러닝(Machine learning), 딥러닝(Deep learning) 기술로 분석하려는 다양한 시도를 하고 있다.

최근 2년 동안 제조업에 AI를 도입하려는 수요는 계속 증가하고 있다. 아직은 시장 초기 단계라 정확한 시장 크기를 추정하기는 어렵다. 하지만 AI 도입 프로젝트를 수행하는 기업이 예전에는 매출 10조 원 규모의 제조 대기업 위주였다면, 지금은 매출 1조 원 미만의 중소기업까지 제조 공정에 AI를 도입하려는 시도가 늘고 있다.

초기 AI를 도입하려는 수요는 반도체, 자동차, 철강 관련 기업에서 많았다. 정유 산업이나 화학 산업과 달리 이들 산업은 공정, 원재료, 제품이 자주 바뀌고 복잡도가 높아 제조 이슈를 해결하는 데 AI 도입을 검토했다. 반도체 산업은 3~5년마다 신규 공장을 건설하고, 3년마다 신규 장비를 도입해 신규 라인을 증설하고 있다. 이렇게 변화가 많은 경우에 아무리 뛰어난 엔지니어라도 새로운 변화를 지속적으로 수용해 최적의 수율을 달성하기 어렵다. 이런 부분에서 빅데이터, AI 기술 도입에 대한 수요가 발생한다.

아직 시장 초기이기 때문에 다양한 시도를 하는 스타트업이 꾸준히 등장하고 있다. 시장지배 기술이 나타나거나 성숙된 단계가 아니므로 다양한 연구개발 노력이 필요하다. 마이크로소프트, 액센츄어, 아마존웹서비스, 휴렛팩커드엔터프라이즈 같은 IT 서비스 대기업은 AI 기술 개발 외에도 인수합병(M&A)을 통해 기술력 높은 스타트업을 계속 인수하고 있다.

구글은 B2C 비즈니스에서 시장 지배력이 높아 AI 기술을 기존 사업에 적용하는 데 집중하고 있다. 직접 산업 인공지능 시장에 진입하고 있지는 않지만, 구글 클라

40) 데이터산업백서

우드와 안드로이드 플랫폼에 AI 적용을 시도하고 있다. 아직 초기 단계지만, 로봇팔 제조사에 구글 클라우드를 SaaS, PaaS 플랫폼으로 제공하며, 로봇팔에 이상이 생기면 안드로이드 폰에서 모니터링하고 오류를 파악하게 하는 시도를 하고 있다. AI 기술 개발기업은 고복잡도 산업 vs. 상품(Commodity) 산업, 범용 제품 vs. 맞춤화(Customization) AI 서비스로 차별화해 자리를 잡아가고 있다. 예를 들어 C3.ai와 업테이크사는 사물인터넷(IoT) 시기부터 개발해온 솔루션과 자체 데이터 플랫폼을 이용해 발전, 화학, 철도 같은 인프라 산업에서 사업을 전개하고 있다. 반면 액센츄어는 제품보다 데이터 분석 컨설팅으로 사업을 하고 있다. 일본 AI 기업인 Preferred Networks(PFN)는 제품 개발보다 일본 내 대기업과 장기 R&D 계약을 맺고 데이터 분석 서비스를 제공하고 있다.

IT 서비스 대기업	마이크로소프트	액센츄어	아마존웹서비스	휴렛팩커드엔터프라이즈
인수된 스타트업	Bonds.ai (강화학습)	Clarity Insights (AI 컨설팅 서비스)	Angel.ai (자연어 처리)	MapR (데이터 플랫폼)
목적·내용	마이크로소프트의 클라우드 서비스 애저 경쟁력 강화	액센츄어 인공지능 컨설팅 강화	아마존 웹 서비스의 자연어 처리 인력 확보	휴렛팩커드 엔터프라이즈의 데이터처리분석 플랫폼 강화

[표 14] IT 서비스 대기업의 스타트업 인수 현황

라. 통신[41)]

통신 분야에서 트래픽이란 통신망에서 전송되는 데이터 양을 의미한다. 모바일 트래픽(Mobile traffic)은 무선통신에서 전파를 이용해 전송되는 정보량이라 할 수 있으며 이러한 트래픽은 개인화된 데이터의 흐름이라고 할 수 있다.

Omdia에 따르면 국내 통신가입자는 2025년까지 89%의 가입율(subscription rate)을 보일 것으로 전망된다. 현재 3만 원대를 유지하는 유저당 평균매출(Average Revenue Per User, ARPU)는 2만 5,000원대로 감소할 것으로 예측하고 있다. 현재 통신시장은 새로운 비즈니스의 전환과 모색이 필요한 시점이며, 전환을

41) 데이터산업백서

위한 핵심 기제로 데이터의 가치가 새롭게 부각되고 있다.

2020년 통신시장에 큰 변화를 가져온 주요 변인을 네 가지 꼽을 수 있다. 우선 국제적 관점에서의 두 가지는 전 세계적으로 코로나19 확산과 디지털 전환의 가속화다. 글로벌 통신사업자들은 포스트 코로나 시대 5G(5세대) 이동통신의 역할을 강조하고 나서고 있다. 이는 막대한 인프라 투자를 새로운 수익원으로 연결시키기 위한 설득으로 보인다. 2020년 7월 온라인으로 진행된 GSMA 쓰라이브(GSMA Thrive) 행사에서 궈 핑 화웨이 순환 회장은 "5G가 팬데믹 이후 디지털 전환을 촉발시킬 것"이라고 강조했다. 코로나19 사태 당시 5G, AI, 클라우드, 빅데이터 기반으로 개발된 애플리케이션 덕분에 사람들은 가정에서 '사회적 거리두기'를 할 수 있었다는 것이다.

이처럼 디지털 전환은 2020년에 실제적인 전환기를 맞았다. 기술 혁신을 통해 기업과 사회의 혁신이 비롯되는 실제 사례가 코로나19가 가져온 삶의 방식 변화를 통해 구현됐다. 온라인 수업과 원격진료, 재택근무와 비대면 멀티 스트리밍 공연 등 개인과 집단의 삶의 방식이 완전히 바뀌고 있다. 그 바탕에는 통신과 통신활동으로부터 생성된 트래픽(데이터의 흐름)이 있다.

국내 상황으로 관점을 돌려보면 통신 데이터 비즈니스 영역에 가장 큰 변화를 가져온 사건은 '데이터3법'의 통과다. 개정된 법안에 따르면, 통계 작성, 과학적 연구, 공익적 기록 보존 등을 위해 정보 주체의 동의 없이 가명정보 사용이 가능해졌다. 또한 제3자에게 가명정보의 제공 및 이종 데이터 간의 결합이 가능해졌다. 아울러 신용정보보호법에 따라 본인신용정보 관리업 및 비금융전문 CB, 개인사업자 CB 등 새로운 사업 영역이 등장하게 됐다.

마지막으로는 정부의 디지털뉴딜 정책이다. 디지털뉴딜 정책은 코로나19로 최악의 경기 침체와 일자리 충격 등 어려움에 직면한 상황에서 위기를 극복하고 코로나19 이후 글로벌 경제를 선도하기 위해 마련된 국가발전 전략으로, 정부는 3대 프로젝트와 10대 중점 추진과제를 담아 그 추진방향을 발표했다. 한국판 뉴딜의 핵심은 '데이터 댐'으로 꼽을 수 있다. 인공지능 학습용 데이터 수집·가공에서부터 의료, 교육, 제조 분야까지 새로운 비즈니스 기회를 데이터 분야에서 찾겠다는 것이다. 아울러 인공지능의 고도화도 데이터 댐으로 달성한다는 계획이다. 이러한 국내 동향에 맞추어 통신 사업자들은 디지털 뉴딜 TF를 발족하거나, O2O 마케팅 플랫폼과 언택트 보안 솔루션 등 비대면 사업 강화 계획을 발표하는 등 정부 시책에 부응하기 위한 다양한 전략을 수립, 실행하고 있다.

1) 통신분야 빅데이터 현황

현재 통신사가 처한 환경은 그리 녹록치 않다. 전 세계 이동통신 보급률이 104%에 달해 정체기에 진입했고, 경쟁이 심화되면서 유저당 평균매출액(ARPU)도 하락 추세에 직면하고 있다. 이동통신 기술이 보편화됨에 따라 통신품질의 격차가 해소되고 있으며, 경쟁기업들의 모방이 가능함에 따라 서비스 차별화도 불가능한 형편이다.

그러므로 각국의 통신사들은 비즈니스 차별화를 위해 노력을 다하고 있다. 미국 4위 이동통신 사업자인 T 모바일은 기존과 차별화되는 'Un-carrier' 캠페인 및 탈통신사 전략 등을 통해 3위 사업자인 스프린트를 추월했다. 기존 사업자들이 약정제도를 통해 보조금을 지급하며 가입자를 유치한 반면에 T 모바일은 저렴한 요금제 출시, 단말기 업그레이드 프로그램, 무제한 동영상과 음악 스트리밍 서비스 등을 제공했다. 이후 선발 사업자인 AT&T, 버라이존, 스프린트가 유사한 전략을 도입하면서 소모적인 보조금 경쟁보다 파격적인 서비스를 통한 경쟁이 격화되고 있는 상황이다. 또한 타 산업과의 인수합병을 통해 시너지 창출을 도모하는 움직임도 발생하고 있다. AT&T는 미디어업체 인수를 통해 콘텐츠 사업을 강화했으며, 버라이존도 디지털 미디어, 광고, 사물인터넷 기업의 인수를 확대하는 중이다. AT&T는 DirecTV(디지털 위성방송) 및 타임워너(CNN, HBO, 워너브라더스 등 보유) 등을 인수하며 방송 콘텐츠를 확장(비중 37%)하고 있다.

스페인의 텔레포니카(Telefonica)는 위성방송사업자인 Canal Plus를 인수했으며, 프랑스 케이블사업자 Numeri-cable은 통신기업인 SFR을 인수했다. 프랑스의 Orange는 금융기관 Groupama Banque를 인수하는 등 비즈니스 간 융복합이 다양하게 일어나고 있다.

국내에서도 KT스카이라이프가 현대 HCN을 인수했고, SKT와 LG유플러스의 경우도 유료방송 시장의 인수합병을 지속적으로 모색 중이다. 또한 SKT는 한화손해보험, 현대자동차 등과 캐롯손해보험을 설립하고 데이터 기반의 특화 보험을 출시 중이다. SKT는 모바일 광고대행사 인크로스 지분을 인수하고 고객특화 혜택을 제공하는 'T-deal' 서비스를 출시했다.

이렇듯 이동통신사, 미디어, 방송, 금융서비스 간 융합은 최근 통신 비즈니스 영역의 보편적 움직임이다. 그런데 이런 합종연횡의 움직임 근간에는 데이터가 있다. 다양한 사업 영역에서 발생된 가입자의 데이터를 수집하고 개인화된 관점의 분석을 통해 새로운 인사이트를 도출할 수 있다. 지금까지 데이터 이용과 활용이 분절된 해당 산업의 카테고리 안에서 이루어졌다면, 이제부터는 개인을 중심으로 한 데이터의 횡적 연결을 통해 말 그대로 360도의 라이프로그 데이터 획득이 가능한 것으로 변모하게 됐다.

통신 사업자들의 기존 비즈니스 핵심이 네트워크였다면 앞으로 다가올 미래 시장의 핵심은 데이터다. 특히 5G 환경으로 변화될 서비스에서 발생되고 수집되는 데이터는 통신회사가 바라보는 미래 가치다.

개정 발의된 '독점 규제 및 공정거래에 관한 법률 개정안'에 따르면 현재는 금융업으로 분류돼 설립할 수 없는 기업형 벤처캐피탈(CVC)을 허용하게 함으로써 대기업의 스타트업 기업에 대한 투자와 그에 따른 지분 소유가 가능해진다.

국내 CVC 설립허가를 전제로 앞으로 미래가치가 높은 스타트업의 발굴은 데이터를 얼마나 잘 활용해 혁신적인 서비스를 발굴 가능한가의 역량으로 평가받을 것이다. 특히나 통신사가 제공하는 다양한 데이터를 기반으로 서비스를 제공한다면 기존 더미 파이프(dummy pipe)화를 방지하면서도 가치 있는 기업을 발굴해 동반 성장을 위한 비즈니스 생태계 모델 설계가 가능하다. 일본의 소프트뱅크는 로봇, AI 등 미래 산업에 대해 장기적 관점으로 투자 중이며, 기업형 벤처캐피털(CVC)을 통한 스타트업 기업 투자를 진행 중이다. 또한 버라이존이 설립한 CVC의 투자 포트폴리오를 보면, 기존 통신사업에 25%, 통신 연관 사업에 약 40%, 그 외 새로운 사업에 약 35%를 투자 중인 것으로 알려져 있다.

스타트업은 자본 확보를 통해 기업 성장에 대한 동력을 확보할 수 있으며, 글로벌 기업으로부터의 투자유치 등으로 시장에 신뢰감을 줄 수 있는 장점이 있다. 반면 통신사는 스타트업 기업의 혁신성을 활용함으로써 급변하는 환경에서 빠른 적용이 필요한 데이터 기반 신규 사업으로의 진출이 가능해질 것이다.

2) 통신분야 빅데이터 사례

통신사의 데이터 기반 적용 사례는 매우 다양한데, 특히 올해는 코로나19 상황에서 통신사의 데이터를 활용한 다양한 서비스들이 선보여졌다.

KT는 과학기술정보통신부와 함께 코로나19 확산예측 모델을 개발하는 연구기관과 '코로나19 확산예측 연구 얼라이언스'를 구축했다. 해당 연구는 '감염병 해외유입 위험도 예측'과 '국내 확산지역 예측'의 두 가지 주제로 진행됐다. 이번 연구는 여러 연구기관이 참여해 국내 감염병 확산 연구에 기여했다는 평가를 받았다.

SKT는 경북경찰청과 함께 SKT의 공간통계 데이터를 활용해 인구 밀집도가 높은 지역을 실시간으로 확인하고 위험도가 높은 지역을 대상으로 실시간 '핀 포인트' 순찰을 실시함으로써 코로나19 확산을 방지하고 주민의 체감안전도를 높이고 있다. 그리고 유통소비 빅데이터 플랫폼을 통해 전국의 주요 시군구 단위 재택지수, 여행지수를 제공해 코로나19 상황에 대한 모니터링에 기여하고 있다. 또한 수도권 지하철 객실 한 칸 단위별 혼잡도를 제공해 시민들이 혼잡한 시간과 노선을 피해 코로나19 감염 위험도를 낮출 수 있도록 도움을 제공하고 있다.

이처럼 코로나19를 계기로 통신사의 빅데이터 연구와 활용이 탄력을 받게 됐다. 확진자 추적 과정에서 일부 확인한 빅데이터의 힘을 전염병 예측과 확산 방지까지 활용할 수 있는 사례가 만들어진 것이다. 코로나19가 그간 온갖 규제로 억눌린 한국 데이터산업과 경제를 활성화하는 계기가 됐다. 향후 다양한 감염병 발생 시 현재의 연구 및 서비스를 바탕으로 더욱 고도화된 서비스가 가능해질 것이다.

통신사의 데이터 활용방식은 아직까지는 실질적 재무성과 창출보다는 기업 운영 프로세스 향상 등 '비금전적 효과(soft benefits)'에 주력하는 모습이다. 인공지능이나 빅데이터 분석이 기업의 재정적 수익 향상을 위한 도구로 널리 활용되고 있으나, 실제 효과에 대해서는 여러 가지 의견이 상충되는 상황이다. 특히 통신사는 대규모 가입자 기반의 비즈니스 특성상 개인정보 등 데이터의 대외 사업화에 따라 발생 가능한 위험에 대해 자유롭지 못한 상황이며, 기간통신 사업자로서의 데이터 활용이 마치 공공재처럼 시장 내 이해되는 분위기가 있어 데이터 비즈니스화에 적극적이기 어려운 상황이다. 기업들의 투자는 일반적으로 기술 도입이 가져오는 직접적인 수익 효과를 기반으로 이루어지는데, 아직까지 빅데이터 분석 관련 기술은 수익에 직접적인 영향을 미치는 정도는 아니므로 해당 사업 및 기술에의 투자가 적극적인 상황은 아니다.

이러한 가운데에서도 빅데이터 및 인공지능 기반 도구들이 성과 향상 효과를 창출하고 환경 변화에 민첩하게 적응할 수 있도록 지원하는 등 금전적 이점만으로는 평가할 수 없는 다양한 이점을 제공한다는 평가가 제기돼 주목할 만하다.

이와 같은 사례는 단순히 수익 증대나 비용 절감 등과 같은 재정적 효과보다는 고객 만족 및 인재 채용 프로세스를 향상시키고, 기업에서 운영 중인 장비의 고장 시기나 공급망을 예측하는 등의 부수적인 '비금전적 효과'를 가져오는 것으로 평가되고 있다.

특히 자연어 처리(Natural Language Processing, NLP) 기술을 활용해 고객이 서비스 담당자와 상담하는 동안 실시간으로 고객의 감정을 감지하도록 하거나 더 많은 고객 정보를 획득하기 위한 데이터 활용 등의 노력은 고객 측면에서는 서비스 만족도 향상을 가능하게 할 수 있다.

이러한 데이터 활용 노력은 수익으로 정량화돼 평가할 수는 없지만 바이럴 마케팅이나 소셜 미디어를 통한 브랜드 가치나 기업 평판 향상에 도움을 줄 수 있다. 또한 인재 채용 프로세스에서도 인공지능 및 자연어 처리를 통해 이력서의 키워드를 식별하고 소셜 미디어 분석을 통해 후보자를 선별하는 방식으로 구직자 채용 과정을 개선한 사례가 있다. 이러한 과정을 통해 혁신과 신규 수익 창출이 가능한 제품에 의존하는 기술 산업 분야에서는 역량 있는 인재의 채용 과정 역시 차별화 요소로 작용할 수 있다. 기지국 장비의 수명 주기 예측을 위해 센서와 같은 장비의 고장 시기를 예측하기도 하는데 이를 통해 고장 전에 유지 보수 작업이 가능하므로 관리주기에 효율성을 꾀할 수도 있을 것이다.

마. 광고[42)]

1) 데이터 기반의 광고 산업

가) 디지털 광고

디지털 광고는 인터넷이나 온라인을 기반으로 PC나 모바일 등의 기기를 통해 상품이나 서비스를 홍보하기 위해 송출되는 모든 광고를 의미한다. 기술 발전에 맞춰 디지털 광고 시장은 최근 몇 년간 기하급수적으로 성장했다. 2015년에만 해도 새롭게 시도해볼 만한 광고 기법으로 거론되던 디지털 마케팅은 2019년 약 376조 원(3,250억 2,000만 달러)의 자본을 끌어들이는 시장이 되었고, 2020년에는 약 385조 원(3,328억 4,000만 달러) 규모로 성장할 것으로 예측된다. 중국, 영국, 노르웨이, 미국, 호주, 캐나다를 포함한 많은 주요 경제국들은 꽤 오래전부터 전체 미디어 광고의 절반 이상을 디지털 광고에 지출하고 있다.

이런 흐름이 유지된다면 디지털 광고는 2023년에 전체 광고 시장의 60% 이상을 차지할 것으로 전망된다. 대부분의 유럽 국가들이 이 흐름에 함께할 것이며 아직 비중이 적은 중남미와 동남아시아 일부 지역의 개발도상국이 가까운 미래에 합세할 것으로 예상된다.

나) 프로그래매틱 광고

디지털 광고 중에서도 프로그래매틱 광고(Programmatic Advertising) 분야의 성장세가 도드라진다. 프로그래매틱 광고는 빅데이터와 머신러닝 등 디지털 기술을 활용해 사용자 데이터를 분석하고 이를 통해 파악한 관심사를 기반으로 광고를 집행하는 기법으로, 데이터의 사업 가치를 극대화할 수 있는 마케팅 방식이다. 프로그래매틱 광고는 미국 전체 디지털 광고 시장의 82%, 유럽의 경우 약 75%의 점유율을 차지한다.

현재 전체 프로그래매틱 광고 시장의 절반 이상을 구글과 페이스북이 장악하고 있다. 구글 전체 매출의 80% 이상이 광고 사업에서 나오고 있으며, 페이스북의 경우 전체 매출의 98.5%가 광고 사업이다. 국내의 경우, 네이버의 전체 매출의 50% 이상이 광고를 통해 들어오고 있다. 최근에는 세계 최대 유통 플랫폼인 아마존이 합

42) 데이터산업백서

세해 디지털 시장의 양대 산맥에 도전장을 내밀었다.

다) 실시간 입찰(RTB) 기술

프로그래매틱 광고 중에서도 RTB(Real Time Bidding)는 인간의 개입을 최소화하고 더 큰 규모의 데이터 처리와 광고 거래를 가능하게 하는 기술 기반의 광고 거래 방식이다. RTB는 실시간으로 광고 지면에 접근하는 사용자 데이터를 분석해 광고 지면의 값을 지정하고, 경매를 통해 광고를 거래한다.
지난 5년간 RTB는 디지털 마케팅 환경을 근본적으로 변화시켜 왔다. 무엇보다 RTB의 알고리즘 기반 마케팅 덕분에 광고주는 적절한 가격으로 적절한 잠재고객을 더 쉽게 타기팅할 수 있게 됐다. 미국에서 RTB를 활용한 광고비는 2014년과 2018년 사이 3배 증가했으며 2025년 말까지는 약 35조 5,000억 원(290억 달러)에 이를 것으로 예측된다. RTB에 대한 자세한 설명은 다음 장에서 이어가도록 하겠다.

2) 데이터 기반의 광고 시장

가) 표준화: 프로그래매틱

인공지능, 머신러닝, 클라우드 기반의 서비스는 많은 것을 자동화시켰고, 이 중 RTB로 대변되는 프로그래매틱 마케팅은 짧은 시간에 전 세계적으로 괄목할만한 성장을 거두었다. 2000년 이후 전 세계 중 아시아 중산층이 수천만 명 증가하며 자동차, 여행, 식품, 금융 등 다양한 상품군의 구매력이 크게 증가했다. 때맞춰 이뤄진 스마트폰 보급의 증가는 곧 데이터 사용량의 폭증으로 이어졌다. 더 많은 동영상 시청과 더 많은 앱 사용, 그리고 상호작용이 가능한 미디어와 광고 형식의 등장을 촉진시켰다.

성장에 목마른 글로벌 기업들은 아시아 고객의 마음을 얻기 위해 다양한 마케팅 전략을 전개하기 시작했다. 데이터를 기반으로 가장 적절한 고객에게 접근하는 데에 적합한 프로그래매틱 광고 수요 또한 자연스럽게 증가했다. 프로그래매틱 광고는 수천만 개의 앱과 웹페이지에 동시다발적으로, 그러나 광고주가 필요로 하는 사람에게 광고를 노출할 수 있는 표준화된 규격을 제시했다. 이는 과거 유명한 혹은 사용자가 많은 광고 지면을 예약하는 방식에서, 적은 수의 광고 소재만으로 더 많은 잠재고객과 지면에 실시간으로 도달할 수 있는 효과적인 광고 방법으로 주목받았다.

프로그래매틱 광고의 주된 과금 방식은 사용자가 광고 지면에 등장했을 때마다 데이터에 근거해 가격을 매기는 광고 노출 당 비용, CPM(Cost Per Mille)이다. CPM 광고를 게재하는 광고주는 광고가 1000회 게재될 때 지급할 금액을 설정하고 이에 맞춰 비용을 정산하는데, 최근 프로그래매틱 광고에서는 1000회가 아닌 모든 사용자마다 잠재 성과를 예측해(예. 모바일 앱을 설치할 확률) 최적의 광고 비용을 매기는 광고 1회 노출당 비용(CPM)으로 입찰하는 성과 기반 방식(Performance Pricing Model)이 일반적이다.

앞서 설명한 RTB 방식에 따라 CPM 광고는 텍스트, 이미지 또는 동영상 광고일 수 있으며 복합적인 데이터에 기반한 타기팅(targeting)을 사용한다. 결국 한 명의 사용자에게 경쟁사가 아닌 자사의 광고 소재를 선택해 노출하기 위해서는 표준화된 광고 입찰 시스템에 기반해 빠른 시간에 데이터를 분석해 최적의 입찰가격을 제시해야 한다. 이 과정을 탁월하게 처리할 수 있는 것이 광고주를 대리해 적절한 광고 지면을 자동화해 구매해 주는 DSP(Demand Side Platform)이다.

프로그래매틱 광고에서는 사용자 데이터를 실시간으로 처리, 분석, 예측하는 DSP의 머신러닝 혹은 인공지능 엔진의 성능에 따라 광고 성과가 달라진다. 특히 1초에 수백만 건의 데이터가 쏟아지는 인터넷, 모바일 환경에서의 데이터 수집과 분석 기술은 광고주에게도 다양한 데이터 기반의 타기팅 선택지를 제공할 수 있다.

나) 타기팅

RTB로 대표되는 프로그래매틱 광고에서 실시간으로 광고를 노출하기 위해서는 0.1초 안에 모든 의사결정이 이루어져야 한다. 이는 사용자가 제공에 동의한, 개인 식별이 불가능한 익명의 데이터에 기반하는데, 모바일 환경에서의 광고 ID(Advertising ID)가 가장 대표적이다. 광고 ID는 사용자가 모바일 내 광고를 노출할 수 있는 지면(예. 메신저 사업자가 설정한 광고 지면)에 접근할 때 여러 정보를 전송하고, 이를 통해 DSP와 같은 플랫폼은 해당 사용자가 광고주의 광고에 어떻게 반응할지를 예측해 가장 적합한 광고를 송출하게 된다. RTB 알고리즘 내에서 광고주는 어떤 사용자에게 자신의 광고를 노출할지 결정할 수 있다. 모바일 앱을 기준으로 타기팅이 가능한 대표적인 데이터를 분류하면 아래와 같다.

① 광고 지면(Publisher)

광고가 노출될 수 있는 지면, 즉 앱을 의미한다.

② 앱 분류(Category)

모바일 앱은 대표적으로 안드로이드, iOS 정의에 따라 범주가 나뉜다. 예를 들어 카카오톡은 구글 내 '커뮤니케이션'에 속하고, 모바일 게임은 '게임'이라는 대분류 내 '액션', '전략' 등으로 나뉜다.

③ 지역(Geo)

국가 혹은 시, 도로 나눠 타기팅이 가능하다.

④ 모바일 기기 운영체제 버전(OS Version)

운영체제에 대한 정보가 수집되므로, 최신 운영체제 버전에서 제공하는 모바일 게임 광고 등에 활용할 수 있다.

⑤ 인터넷 연결 상태

와이파이 혹은 모바일 인터넷 사용자를 구분할 수 있다.

실제로 사용자가 전송하는 데이터는 수백 개이므로 사람이 잠재 사용자를 모두 구분해 타기팅(Targeting)하는 것은 물리적으로 불가능하고 효율적이지도 못하다. 다양한 사용자 데이터를 보유한 대형 플랫폼에서는 광고주가 희망하는 고객 군을 구분해 인구학적 통계 기반(Demographic Targeting)이나 관심사 기반의 타기팅(Interest Targeting)을 제공하고 있다. 이를 통해 "강아지가 있는 20~30대 남성, 여성"과 같은 세부적인 타기팅이 사실상 가능해졌다. 그러나 인간이 인간의 모든 관심사를 손수 분류할 수 없고 모든 모바일 사용자가 특정 미디어에 존재하는 것은 아니다. 그러므로 정확한 타기팅을 위해서는 결국 기술의 도움이 필요하다.

머신러닝 엔진이 탁월한 DSP의 경우, 이러한 사용자의 데이터 신호를 실시간으로 분석해, 모든 사용자별로 잠재 전환 확률(예. 모바일 앱 설치, 상품 구매 등)을 계산하는 잠재 고객 타기팅(Audience Targeting)을 제공하고 있다. 이는 광고주 입장에서 어떠한 타기팅도 제공하고 있지 않는 것으로 보이지만, 실제로는 인간의 인지로 분류할 수 없는 수많은 데이터를 분석하고 학습함으로써 최적의 결과를 이끌어내는 방식이다. 예를 들어 구글의 광고는 특별한 타기팅 설정 없이도, 머신러닝 기술을 활용해 몇 번의 클릭만으로 성과 기반의 광고 실행이 가능하다.

다) 성과 측정

과거에는 '잠재 사용자가 하루에 n만 명 등장하는 지면'이라는 방식으로 광고 가격을 설정하고, 노출, 클릭 수준의 데이터만을 수집했다면 앞선 오디언스 타기팅 기반의 프로그래매틱 광고는 '타기팅의 정의'보다는 광고가 노출되는 순간부터 클릭, 그리고 그 이후의 실제 성과까지 측정하는 완벽한 투명성을 보장한다. 특히 노출 단위당 가격을 정하는 RTB 광고는 광고 1회의 노출을 1원 단위까지 측정해 잠재 사용자가 어떤 광고 지면에서, 어떤 광고 소재를, 언제 보았고, 언제 클릭해 결과적으로 언제 목표하는 전환이 일어났는지를 측정할 수 있다. 특히 몇 초라도 사용자의 눈을 잡아두려는 모바일 시장에서는 아래와 같은 지표를 주요 목표로 측정한다.

① **CPM(Cost Per Mille)**: 광고의 1000번 노출 당 평균 가격
② **IPM(Install Per Mille)**: 광고 1000번 노출당 발생한 앱 설치 수
③ **CPI(Cost Per Install)**: 앱 설치 1번당 평균 광고비
④ **잔존율(Retention Rate)**: 앱을 설치한 후 경과일에 따른 앱 사용자 수
⑤ **CPA(Cost Per Action)**: 회원 가입, 구매 등의 액션으로의 전환 당 광고비

경영 관리의 구루 피터 드러커가 말했듯, 모든 성과는 '측정할 수 없다면 관리할 수 없고, 관리할 수 없다면 개선시킬 수도 없다.' 프로그래매틱 광고는 모든 것을 계량화할 수 있다는 장점이 있다. 그 덕분에 데이터를 통한 효과적인 성과 기반의 광고가 가능해졌다.

프로그래매틱 시대의 마케터는 데이터에 기반해 더 효과적인 의사결정을 내리고 마케팅 성과를 입증할 수 있는 무기를 갖추었다. 광고 성과의 개선을 위한 소모적인 커뮤니케이션이 아닌 자동으로 최적화된 결과를 보고 필요한 행동에 집중할 수 있게 됐다. 그러나 이러한 자동화 광고 시장의 환경을 악용해 가짜 노출과 클릭, 심지어는 모바일 앱 설치나 상품 구매까지 일어났다고 속이는 사기 행위도 등장했다. 이를 광고 사기(Ad Fraud)라고 하는데, 이는 광고 없이 순수 유입된 사용자의 데

이터뿐만 아니라, 정상적으로 광고를 송출한 광고 플랫폼의 광고 기여를 납치해 자신의 광고 성과인 양 제시한다. 따라서 데이터 기반의 광고에서 투명성을 제공하지 못하는 광고 서비스를 주의하고 걸러내는 것도 중요하다.

바. 교육[43)44)]

올해 국제교육기술협회(ISTE, International Society for Technology in Education)가 코로나 발생 이후 다시 대면 형식으로 개최되었다. 국제교육기술협회(ISTE)의 CEO, Richard Culatta는 기조연설에서 학생들의 디지털 사용에 대해 'Don'ts(하지 말아야 할 것)'가 아닌, 'Do's(할 것)'를 강조했다.

이제는 에듀테크 기반 디지털 교육 서비스가 호기심의 대상이 아니라 필수품으로 자리 잡고 있음을 의미한다.

국내는 빅데이터와 AI 기술을 동력으로 한 제4차 산업혁명에서 에듀테크를 핵심 축의 하나로 보고 있으며 교육 업계는 디지털 기기를 활용한 다양한 교육 서비스를 개발, 출시하고 있다.

몇몇 스타트업은 혁신성을 인정받아 글로벌 투자를 받았고, 특히 초기부터 에듀테크에 집중 투자한 기업은 이미 에듀테크 서비스가 가장 큰 매출을 담당하고 있다.

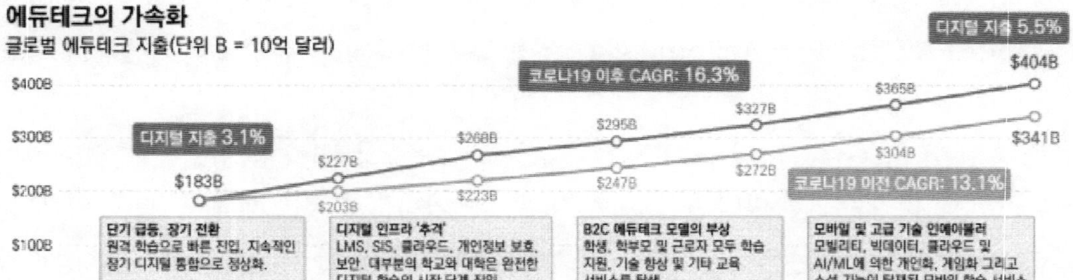

	2019	2020	2021	2022	2023	2024	2025
총 지출	$6.1T	$5.4T	$5.5T	$6.0T	$6.4T	$6.8T	$7.3T
디지털 지출	$183B	$227B	$268B	$295B	$327B	$365B	$404B
디지털 비중	3.1%	4.2%	4.8%	4.9%	5.1%	5.3%	5.5%

[그림 84] 에듀테크 시장 성장 예측

글로벌 시장 조사 기업 HolonIQ는 에듀테크가 코로나 이후 더욱 성장세가 강화될 것으로 보고 있으며 그 규모는 2025년경 $4,040억(2019~2025년에 16.3%의 CAGR)로 예측하고 있다.

---

43) 데이터산업백서
44) 2022 데이터산업 백서

이러한 높은 성장률은 주로 다음과 같은 이유를 반영한 것이다. 첫째, 코로나로 인한 비대면 디지털 교육의 필요성 대두, 둘째, 개인별 맞춤 취약 분석 및 피드백과 같은 에듀테크 서비스가 주는 새로운 차원의 교육 혁신이다. 또한 이동형 장치(태블릿 PC, 스마트폰 등) 확대 보급 및 새로운 인터페이스(가상세계 - 메타버스)의 등장과 같은 매체의 다양성으로 교육 전달 방식에서 혁신을 가져올 수 있다는 점도 시장의 규모를 키우는 주요 요인이다.

1) 서비스 동향

신 성장산업으로의 에듀테크 발전 가능성이 주목되면서, 에듀테크의 적용 범위도 확대되고 있다. 빅데이터, 인공지능 기술을 활용한 학습 진단 및 분석 서비스 개발이 본격화되고, 학습자들의 커뮤니티를 지원하며, 콘텐츠 제공 범위가 기존의 동영상 위주에서 가상현실(AR) / 증강 현실(VR) 기술을 활용한 실감형 콘텐츠로 확대되고 있다.

국내외로 에듀테크 기업은 활발히 성장 중이며 이미 많은 서비스를 출시하고 있다. 오스모(Osmo), 바이주스(Byju's), 카네기러닝(Carnegie Learning), 체그(Chegg), 코빗 AI(KorbitAI) 등의 교육 전문 기업은 자사의 서비스를 에듀테크 기술로 고도화하고 있으며 IT 기업인 Google, Microsoft도 에듀테크 서비스를 제공하고 있다.

뿐만 아니라 Pearson과 같은 전통적인 출판 업체도 디지털화를 수년 전부터 진행하고 자사 서비스를 구독형 모델로 제공하고 있다.

국내에서는 웅진씽크빅, 대교그룹, 교원그룹, 메가스터디교육, 천재교육 등이 기존 혹은 신규 서비스를 에듀테크로 강화하고 있으며 뤼이드(Riiid)와 같은 스타트업은 에듀테크 기술력으로 국내외 투자를 활발히 유치 중이다.

최근에 생겨나는 스타트업은 Vision, Speech, AR/VR 등의 분야를 중심으로 AI 중심(AI Native)의 에듀테크 서비스를 출시하고 있다. 반면 전통적 교육 업체는 학습 데이터의 저장 과 조회가 주요 기능이었던 교육관리시스템(LMS)으로 시작했다. 이후 초기 교육관리시스템 (LMS)은 클라우드와 빅데이터 기술이 결합되어 점차 지능화된 교육 관리 플랫폼으로 진화하고 있다.

더 나아가 지능화된 교육관리시스템(LMS)의 방대한 데이터를 바탕으로 AI 기술까지 추가함으로써 전통적 교육 업체 역시 높은 수준의 에듀테크 서비스를 제공할 수 있게 되었다.

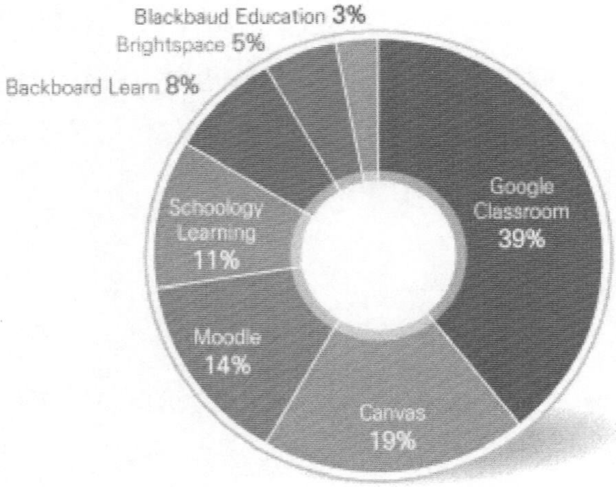

[그림 85] 2021년 교육관리시스템(LMS) 시장 점유율

TrustRadius 2021년 시장 조사 결과, 교육관리시스템(LMS)의 시장 점유율은 빅데이터와 클라우드로 진화한 Google Classroom이 39%로 1위이다. 또한, Canvas(유료), Moodle(무료)도 19%, 14%로 각각 2, 3위를 차지하고 있다. Education Data 2021에 의하면 코로나가 발생한 이후, 98%의 교육 기관이 온라인 수업으로 전환하였고 이들은 대부분 교육관리시스템(LMS)를 사용하고 있다. 교육과 관련한 모든 것을 이제 데이터화하고 저장함을 의미한다.

이제는 학생 관리, 진도 관리, 콘텐츠(커리큘럼) 관리와 같은 전통적 교육관리시스템(LMS)의 기능 이상이 요구된다. 개인화(개인 맞춤형), 게임화(Gamification), 비디오 콘텐츠, 소셜 네트워크, 증강현실(AR), 가상현실(VR), AI(주로 딥러닝), 메타버스 등이 새로이 추가되는 기능이다.

소셜 네트워크 기능(Q&A, 수업 공유, 그룹 학습 등)이 추가된 시스템에서는 그렇지 않은 시스템보다 30배 이상의 학습 시간을 나타낸다는 보고(LinkedIn 2021)가 있으며, 학습자의 26%(Capterra 2020)가 교육관리시스템(LMS)에 게임화 요소를 기대하고 있다.

교육관리시스템(LMS)이 강화하고 있는 기능 중에 '개인화(맞춤형 학습 기능)'는 게임화, 소셜 네트워크, AR/VR, 메타버스 등과는 차이점이 있다. 첫 번째 차이점은 기술 결과의 품질이 기술적 정교함보다는 데이터의 양과 질에 있다는 점이고,

두 번째는 기술 적용의 완성도가 낮을 경우, 오히려 교육 효과가 나빠질 수 있다는 점이다. 가령, 초등학교 3학년에게 잘못하여 5학년 과정을 제공하게 될 수도 있다. 맞춤형이 오히려 독이 될 수 있는 것이다.

학습 개인화를 실현하는 대표적 기술은 학습 서비스의 핵심인 문항 반응 이론(IRT,Item Response Theory)이나 지식 추적(Knowledge Tracing)을 꼽을 수 있다. 이 기술들은 최근 국내 기업에서 큰 관심을 갖고 출시하는 에듀테크 서비스의 핵심 기술이다.

구분	서비스	주요 특징
학습 콘텐츠	Google Expedition	VR과 AR을 활용한 콘텐츠 중 가장 빠르게 성장하는 플레이어다. 해외 유적지, 박물관, 우주 등을 직간접적으로 체험할 수 있는 체험형 플랫폼. 사진을 기반으로 한 가상현실 앱으로 전 세계 주요 장소, 박물관, 우주 등을 탐험할 수 있다. 학습 설명, 주제, 특징, 질문 등 다양한 콘텐츠를 포함하고 있다.
	Amazon Inspire	아마존 킨들을 앞세워 전자책 형태의 퍼블리싱 플랫폼을 성공시킨 경험으로 콘텐츠 서비스를 확대하고 있다. 아마존의 '인스파이어(Amazon Inspire)'는 학습 콘텐츠 공유 서비스로서 관심도 수준, 이용자 평가, 인기도, 등급 등의 조건에 따라 자료를 검색할 수 있다.
	Discovery Education	증강현실과 가상현실 기술을 학습 경험과 접목해 가상 실험실, 영상 자료 추천 등 탐험 환경을 제공한다
	Dreambox Learning	초·중학교의 수학 학습 과정을 게임처럼 구성하여 1800개가 넘는 콘텐츠를 제공하고 있다. 학습경험 분석을 통해 사용자에게 맞춤 영상을 추천해 주는 넷플릭스 기술을 채택하고 있다.
학급 및 커뮤니티 관리	Google Classroom, G Suite for Education	Google Classroom은 클라우드 기반으로 교사와 학생의 학습 자료 및 데이터를 공유하고, 공동 작업을 지원한다. G Suite for Education은 구글의 메일, 캘린더, 드라이브, 문서 등 생산성 관련 도구를 학습 상황에 맞춰 제공한다.
	MS Office 365 Education	학급이 구성되고, 구성원들간에 수업 자료와 과제를 공유하고, 협업할 수 있는 플랫폼이다. OneDrive, Teams, Skype 등의 전문 학습 커뮤니티와 연결해 원활한 소통을 지원한다.

[표 15] 국외 에듀테크 서비스 동향

구분	서비스	주요 특징
빅데이터를 통한 학습 진단 및 분석	Knewton	누적한 학습자의 학습 데이터를 관리, 분석하여 개인별 맞춤 학습 정보를 제공한다. 특히 수학과 독해, 기타 교과목간의 학습 개념 연계성을 기반으로 적합한 학습법 추천과 콘텐츠를 제공한다.
	KidAdaptive	적응형 학습플랫폼(Adaptive Learning Platform, ALP)으로 학습자의 흥미를 유발해 참여도를 높여 교육 효과를 높이는 서비스를 제공한다. 클라우드 기반의 다양한 학습 활동으로부터 데이터 분석 결과에 의미를 부여하는 플랫폼이다.
	Duolingo	외국어 학습에 대한 진단, 평가 서비스다. 학습자의 언어 수준을 진단해 단계적으로 학습할 수 있는 카드형 학습 콘텐츠를 지원하고, 평가 결과를 분석·진단해 반복 학습을 유도한다.
	Carnegie Learning	수학, 컴퓨터과학에 특화한 서비스다. 대표적인 서비스인 MATHlab는 학생들의 개별적 학습 진단과 학습 결과에 대한 종합 성취 리포트를 제공한다. LIVELAB 기능에서 학생들의 집중도, 완수 현황 등을 교사가 즉각적으로 확인할 수 있다.
	HUBERT AI	인공지능 자연어처리(Natural Language Processing) 기술을 적용해 대화형 피드백을 제공할 수 있다. 학습자들의 대화를 통해 수집한 데이터를 분석해 학생별로 강점 등을 교사에게 제공한다.

[표 16] 국외 에듀테크 서비스 동향

국외 에듀테크 서비스는 교육 기업이 아니었던 기업들이 비즈니스 등의 서비스를 교육 영역으로 확대하거나, 교육 시장에서 강세를 보였던 기업들이 빅데이터와 인공지능 기술 등을 접목해 학습자 맞춤형 서비스를 강화하는 모습이다. 특히 구글, 마이크로소프트, 아마존 등 글로벌 기업들의 교육 진출이 돋보인다. 이들 기업들은 자체 보유한 전문적이고 안정적인 기술을 토대로 서비스에 대한 연구 및 개발 투자를 확대해 에듀테크 영역에서도 경쟁력을 높일 것으로 전망된다. 또한 학습 진단 및 분석의 기반이 되는 인공지능과 빅데이터 분석 기술 적용을 확대하면서, 학습 수준뿐 아니라 학습 집중도와 학습 습관, 행동 등에 대한 정서 및 감성까지 분석하는 등 관련 기술이 날로 발전하고 있다.

구분	서비스	주요 특징
학습 콘텐츠	타임교육 팩토슐레 (factoschule)	수업 교구 제조 경험을 살려 AR, 사물인식(OR) 기술 등을 접목한 교구, 교재 등을 제공한다. 타임교육이 개발한 '팩토슐레'는 오프라인 교실 수업과 온라인 수업을 지원하기 위해 모바일 앱과 교구, 교재 등을 통합적으로 제공한다.
	럭스 로보 (luxrobo)	코딩교육 콘텐츠에 특화한 하드웨어 모듈을 제작해 로봇을 만들면서 소프트웨어 개념을 배울 수 있는 서비스다. 하드웨어 모듈 '모디'는 각기 다른 사물인터넷(IoT) 기술을 내장해 코딩 기초 개념 형성을 돕니다
학급 및 커뮤니티 관리	클래스팅 (Classting)	학급 구성, 수업 자료 온라인 공유, 학교 간 교류를 지원한다. 커뮤니티 기능 보강 및 국내 출판사들과 제휴를 통해 인공지능 기반의 학습 진단 및 분석을 강화하고 있다
	위두랑 (Wedorang)	공공에서 만든 교육용 커뮤니티 서비스다. 학급 개설, 과제 제출, 토의토론, 학습 포트폴리오 기능을 지원한다. 디지털교과서와 연계한 학습 과제 관리를 할 수 있다.
	엘리스 (elice)	실습 중심의 온라인 코딩에 특화한 학습 관리 서비스다. 대학 및 기업의 사내 교육 및 개인용으로 사용되며, 개인별 코드 리뷰와 멘토링이 가능하다. 강의 영상 업로드와 실습 과제 생성 및 자동 채점 등 학습 평가 관리도 지원한다.
빅데이터를 통한 학습 진단 및 분석	산타토익 (Santa Toeic)	TOEIC 대비를 위한 지능형 튜터 서비스다. 학생 수준을 미리 진단하고 예측해 취약 분야를 집중 보강할 수 있도록 관련 학습 자료를 추천한다. 최근 공인중개사 시험 대비 서비스를 내놓았으며, SAT와 GRE 등의 학습 평가 서비스 분야로 해외 진출을 추진중이다.
	노리 (KnowRe)	온라인 개인교사를 표방하는 수학 분야에 특화한 서비스다. 학생들이 반복적으로 틀리는 문제의 풀이 과정을 분석해 부족한 영역의 수학 개념을 찾아내고, 핵심 개념에 대한 이해를 지원한다.
	웅진 (웅진씽크빅 AI학습)	국외 사례에서 소개된 ALP 플랫폼을 활용해 웅진씽크빅 AI 학습 서비스를 출시했다. 학습시 행동패턴을 분석해 잘못된 학습 습관을 교정하도록 지원한다.
	마타수학	수학 개념에 대한 개인별 취약점 분석 및 문제를 추천하는 서비스다, 수학의 개념별 연계도를 제시하고, 누적된 진단 결과를 생성해 개인별 맞춤 문제를 제시한다.
	천재교육 (밀크T)	학습자의 개별 성향을 진단하고 분석해 맞춤 시간표를 제공한다. 학습 유형을 분석해 개인화한 학습법을 추천하고, 유명 강사진들의 강의 및 전문가들의 1:1 학습 관리 서비스를 제공한다.

[표 17] 국내 에듀테크 서비스 동향

국내 에듀테크 시장은 상대적으로 협소한 시장 규모와 공교육에서의 활용률 저조에 따라 사교육의 대체제 수단으로 성장해왔다. 따라서 내용도 영어, 수학 등 전통적인 사교육 영역에 집중돼 있다. 이에 따라 학습지 출판사와 교육 기업에서 주도하는 모습이다. 다만 원격수업시행에 발맞춰 온라인 학습 이력과 사용자 참여도 분석 및 학습 관리 등에 초점을 둔 서비스 출시가 잇따르고 있다. 인공지능 교육, SW 교육 확대 정책에 대한 기대감으로 관련 서비스를 출시하는 모습이다. 국내 교육 시장은 국가 정책에 영향을 받는 구조이므로 향후 전개될 정책 기조나 규제 개선 등에 주목할 필요가 있다.

2) 에듀테크 정책 동향

가) 국가 차원의 정책

코로나19 사태가 국가 차원의 미래사회 대응 정책인 한국판뉴딜(2020년 7월 발표)을 불러왔다. 한국판뉴딜 정책에서 에듀테크 활성화와 직접적으로 연계되는 분야는 디지털뉴딜에 속해 있다. 교육 분야 디지털 뉴딜은 전국 초중고·대학·직업훈련기관의 온/오프라인 융합 학습환경 조성을 위해 디지털 인프라 기반 구축 및 교육 콘텐츠 확충을 추진하는 것이다(기획재정부, 2020). 주요 내용을 살펴보면, 2022년까지 초중고 전체 38만 실에 고성능 와이파이 무선 인터넷 구축, 교원의 노후 PC 교체, 온라인 플랫폼 구축 등이 이뤄진다. 대학의 온라인 강의를 지원하기 위한 국립대의 원격교육지원센터나 교대와 사대에 미래교육센터 설치 등이 추진된다. 이외에 평생교육 수요에 대응하기 위한 K-MOOC(Massive Open Online Course, 한국형 온라인공개강좌)의 확대나 공공, 민간의 직업훈련 기반 구축 등이 포함돼 있다. 뉴딜이 갖는 성장 기반 마련 기조에 맞춘 인프라 구축이 주된 내용이지만, 활성화를 위한 토대를 마련한다는 데 의미를 둘 수 있다.

이외에도, 대통령 직속 4차산업혁명위원회에서는 미래교육을 위한 에듀테크 활성화 권고안을 발표했다. 권고안 자체가 에듀테크 활성화에 초점을 두고 있으며, '에듀테크 활용 활성화를 통한 미래역량 기반 디지털 교육 체제로의 대전환'을 비전으로 3가지 권고 원칙을 제시했다.

3가지 권고는 맞춤형 역량 기반 교육을 실현하기 위한 에듀테크 기반 통합 교육

환경 구축, 학교 내 에듀테크 활용 환경 개선 및 교원의 디지털 교육 역량 강화 지원을 통한 교육 수준 향상, 교육 혁신을 위한 에듀테크 산업 육성 및 활용 활성화 기반 구축 등이다. 이 중에서 에듀테크 산업 육성 권고 원칙에 따른 내용이 눈길을 끈다. 학교 자율에 맞춘 에듀테크 서비스 활용 환경 조성을 위해 바우처 제도 도입·운영을 구체적으로 제안하고 있다. 에듀테크 활용 활성화의 대상 영역을 초·중등 공교육에 두고 있다는 것을 감안하면, 바우처 제도를 도입해 학교에서의 에듀테크 민간 서비스의 자유로운 선택과 활용, 이를 지원하기 위한 예산을 지원하는 데 주안점을 둔 것으로 판단된다. 이를 위한 재원 확보 노력과 후속적으로 관련 부처의 과제 개발이 이뤄져야 실효성 있게 추진될 것으로 판단된다.

나) 교육부 차원의 정책

국가 차원의 정책과 연계해 교육부의 미래교육 10대 과제는 교육의 비전과 목표를 담아 유·초등부터 고등·평생교육에 걸친 혁신 과제를 제시하고 있다. 이 중에서 디지털 기반 구축과 관련한 9번 과제를 분석해 보면, 향후 에듀테크의 교육 적용 범위를 예측해 볼 수 있다.

디지털 전환에 대응하기 위한 교육 기반 마련에서 가장 대표적인 과제는 K-에듀 통합 플랫폼 구축이다. 이는 흩어져 있는 학습 콘텐츠와 학습관리 시스템(Learning Management System, LMS) 등을 하나로 연결해, 유초중고등학교에서 사용 가능하도록 서비스를 통합해 나간다는 내용이다. 향후 이용자 관점에서의 서비스 접근성, 콘텐츠 활용의 용이성을 높이고, 민간과 공공이 협력해 한국형 에듀테크 서비스를 발전시키는 데 기본 목적과 방향을 두고 있다. 이외에도 데이터 및 기술 활용 역량 차이로 인한 교육 격차를 해소하기 위한 미디어 리터러시 교육 강화, 공공 데이터의 품질 제고를 통한 교육 분야에서 빅데이터를 활용해 교육 정책을 과학화하는 과제 등은 원격수업의 현안 해결을 넘어선 발전적 방향을 담고 있다.

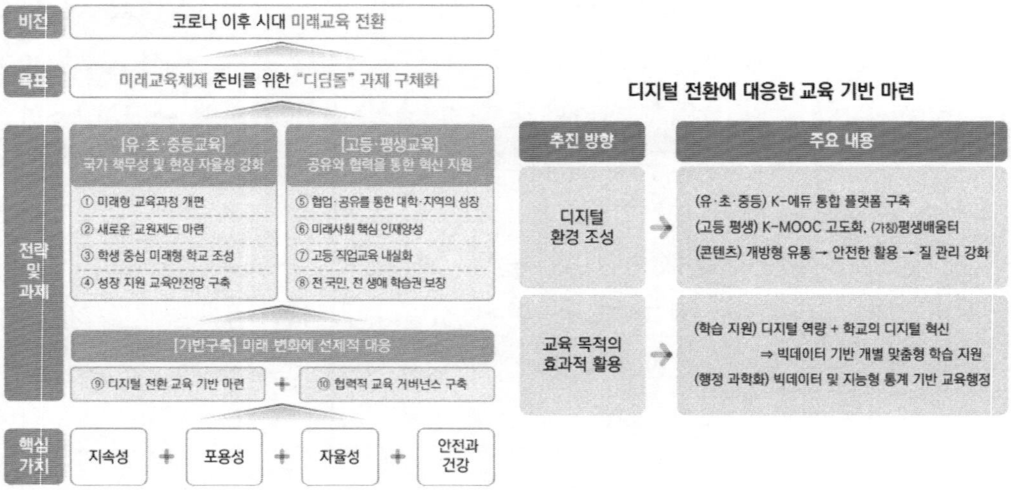

[그림 86] 미래교육 전환을 위한 데이터 활용 정책 방향

현재 발표되는 미래교육 정책은 거시적으로 국가 인재 양성을 위한 교육 혁신에 에듀테크 적용을 확대하는 것에 중점을 두고 있다. 한국판뉴딜이 디지털 인프라 구축에 초점을 맞췄다면, 4차산업혁명위원회의 권고안은 에듀테크 산업 활성화를 염두에 둔 구체적인 정책 과제의 제시라고 볼 수 있다. 교육부의 미래교육 10대 과제가 교육 정책 전반에 걸친 중장기 계획이라고 보기는 어렵다. 하지만 범위를 평생교육까지 확대했고 지속성과 포용성, 자율성 등을 핵심 가치로 단기적인 실천 과제들을 제시한 점은 눈길을 끈다. 다만 정책 추진의 기반이 되는 추진체제 정비와 관련 법·제도 정비, 재원 확보에 대한 구체적인 계획이 뒷받침돼야 실효성을 확보할 수 있을 것이다.

사. 건설[45)]

인도의 종합 건설 블로그인 더컨스트럭터(The Constructor)는 건설 프로젝트에서 빅데이터의 활용방법을 제시했다.

① 설계 단계의 빅데이터

빅데이터를 이용하면 설계자와 기획자에게 프로젝트의 위치, 인프라 및 리소스 등에 대한 정보를 제공할 수 있다. 또한, 미래의 거주자, 행동 및 선호도에 대한 이전 프로젝트의 통찰력을 제공하여 최적의 성능을 위해 프로젝트를 설계하여 최종 사용자의 요구에 대한 이해관계자의 이해를 촉진할 수 있다.

또한,BIM 소프트웨어 및 온라인 소셜네트워크와 통합하여 프로젝트 성능을 최적화할 수 있는 에너지솔루션을 선택할 수 있으며, 프로젝트 설계를 개선할 수 있으며 프로젝트 입찰 과정에 사용할 수 있다.

② 계획 단계의 빅데이터

유사한 과거 프로젝트에서 수집된 빅데이터를 활용하여 프로젝트 진행과 관련된 불확실성을 줄이고 정확한 예측 및 계획을 가능하게 함으로써 프로젝트의 견고성을 보장할 수 있다. 또한, 다양한 이해관계자의 행동을 예측하고 약속의 신뢰성을 보장하며, 협업 수준 및 지식 공유 준비를 확인하는 데 도움이 될 수 있다. 이 단계에서 수집된 기록 및 새로운 데이터를 사용하여 다양한 건설 활동 및 작업을 시뮬레이션하여 프로젝트 성과를 개선할 수 있다.

③ 시공 및 시운전 단계의 빅 데이터

이 단계에서 대부분의 빅 데이터 어플리케이션은 실시간 또는 거의 실시간 정보를 취득하여 준공 3D 모델을 생성하고 프로젝트 진행 상황을 추적하는데 사용된다. 내장된 스마트폰 센서를 사용하여 실시간 데이터를 수집하여 관리자가 장비의 활용 효율을 높이고, 더 나은 의사 결정을 내릴 수 있으며, 궁극적으로는 개선된 프로젝트 관리가 가능하다.

건설 현장의 사각지대에 있는 레이저 스캐너, 비디오 카메라 등을 활용하여 장비 운영자에게 자동 객체 인식, 3D 작업 공간 데이터 및 신속한 3D 모델을 거의 실시

45) 건설 빅데이터 시장 및 기술동향, Smart Construction Report

간으로 제공함으로써 장비 운영자에게 도움이 될 수 있는 새로운 데이터 수집이 가능하다.

④ 운영 및 유지 보수 단계의 빅데이터

센서 및 RFID와 같은 첨단 기술을 활용하여 시설 관리자는 다양한 건물 구성 요소에 대한 정확한 위치와 정보를 확보하여 검사, 모니터링 및 유지관리를 단순화할 수 있다. BIM 모델과 사물 인터넷(IoT)을 사용하여 건물 요소의 상태뿐만 아니라 기하학적, 의미론적 정보를 제공 하기 위해 구조물의 빅데이터 생성이 가능하다.

현재 빅데이터 분석을 활용하는 데이터 기반 건설기업은 다음과 같은 특징을 가지는 것으로 나타났다.

① 광범위한 데이터 수집

데이터 기반 설계 및 시공은 양질의 데이터를 수집하는 것으로부터 시작하며, 양질의 데이터는 다음과 같이 정의된다.

1) 정확성(Accurate): 오류와 중복이 없는 데이터

2) 실시간(Real-Time): 실시간으로 클라우드에서 업데이트가 가능해야 함.

3) 신뢰성(Trustworthy): 의사결정 도구로 활용 가능할 만큼 투명성이 확보되어야 함.

② 데이터 접근성 확보

데이터를 보고 이해하기 쉬운 시스템을 구축한다. 새로운 데이터 접근 방식이 기업 문화에서 보편화 될 때 까지 교육 기회를 제공하는 등의 노력이 필요하다. 또한, 데이터에 대한 접근성을 확보하기 위해 적절한 시스템 구축이 필요하다.

③ 수작업 및 종이 형태의 문서작업 배제

데이터 세트의 신뢰성을 저하시키고 오류가 발생할 가능성이 존재하는 수동적인 데이터 입력 절차를 최소화하고 실시간으로 생성된 자료를 입력하고 관리하는 자동화된 프로세스 및 디지털 도구를 활용한다.

④ 프로젝트의 모든 구성원이 全단계에서 활용 가능한 단일 시스템 도입

발주처, 주관사, 하도급업체가 다른 시스템을 사용하여 발생하는 정보 단절을 방지하기 위해 단일화된 시스템을 활용한다.

⑤ 디지털 허브 구축(The single source of information)

방대한 데이터를 한 곳에 모아 저장하고 관리할 수 있도록 정보관리 체계 개선한다. 일반적으로 건설 프로젝트에서는 데이터를 수집하고 처리하기 위해 각각 다른 다양한 도구와 기술이 활용되기 때문에 데이터의 집중 및 관리가 어렵다.

⑥ 고급 분석 활용

데이터 분석에 대한 고민과 노력이 클수록 경쟁력을 확보할 수 있는 것으로 나타났으며, 전처리가 되지 않은 데이터를 활용하여 분석을 수행할 경우 정확한 결과 도출이 어렵다. 매킨지에서는 고급 분석을 통해 원시 데이터를 가공하고 혁신적이고 미래 지향적인 결정을 지원할 수 있다고 발표했다.

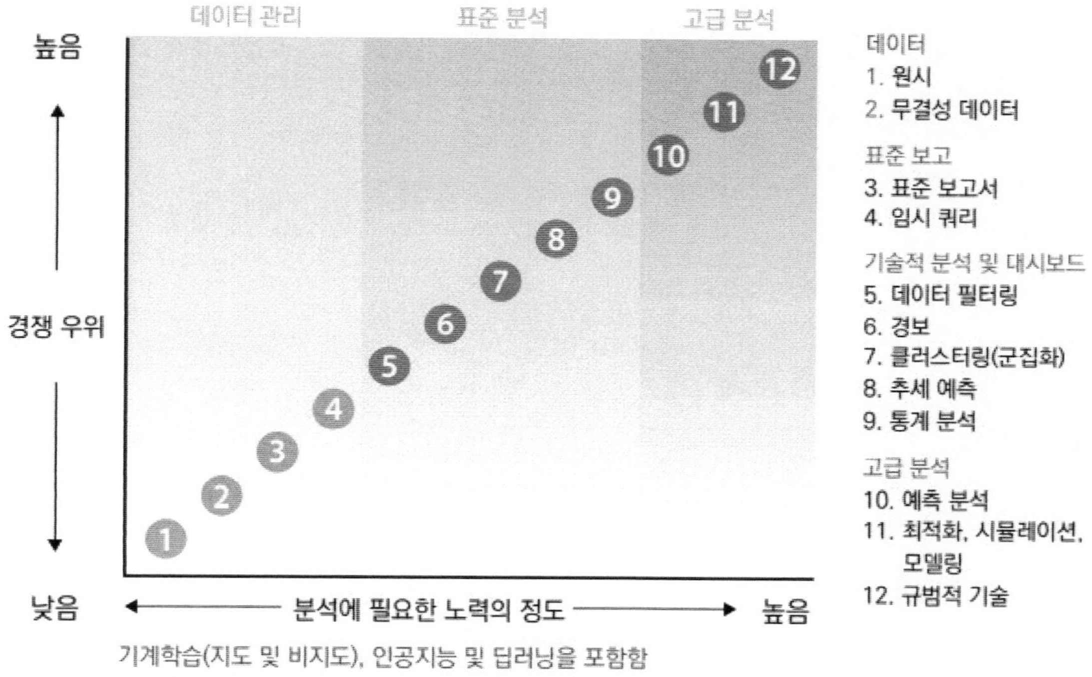

[그림 87] Advantage vs effort matrix

⑦ 지속적인 개선 의지

데이터 수집 및 분석은 끝이 없는 연속적인 과정이며, 데이터를 기반으로 하는 일련의 과정들은 지속적인 수정과 개선이 필요하다. 이러한 노력의 필요성에 대한 인식의 확산과 강한 개선 의지가 필요하다.

08

결론

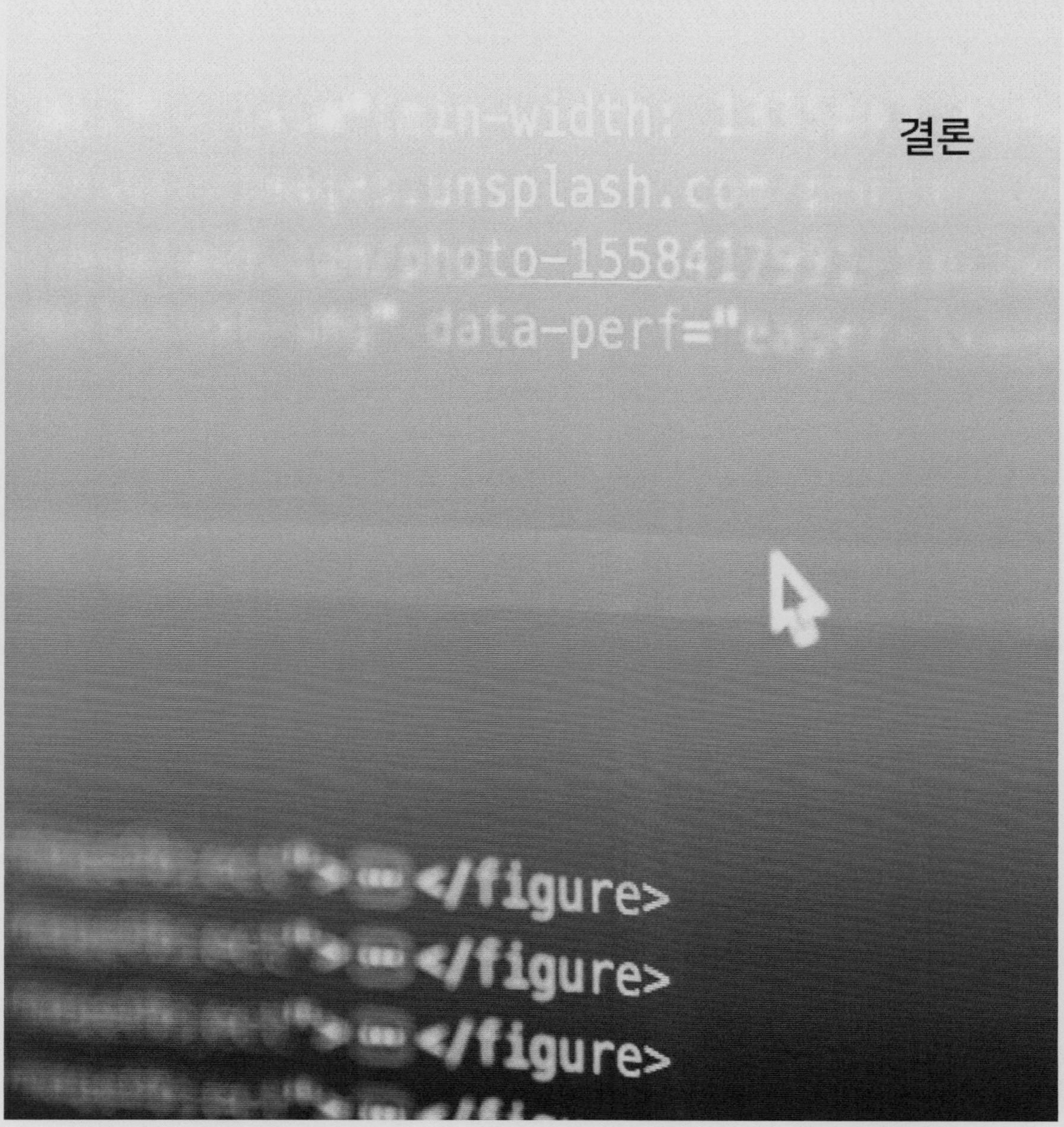

8. 결론

인터넷의 급속한 보급에 따른 디지털 경제의 확산으로 방대한 양의 데이터가 양산되는 빅데이터 시대가 도래했다. 유통과 금융 등 기존 산업은 인터넷에 기반한 온라인 영역으로 무한 확장하고 있으며, 나아가 스마트워치 등과 같은 웨어러블 기기의 등장은 사물인터넷(IoT)의 활성화와 함께 데이터의 폭증을 예고하고 있어 미래사회가 데이터 기반의 사회가 될 것임은 의심의 여지가 없다.

이를 뒷받침 하듯, 세계 빅데이터 시장은 연평균 성장률 10.6%로 증가하여, 2025년에는 2,294억 2,300만 달러에 이를 것으로 전망되며, 국내 빅데이터 시장은 연평균 성장률인 11.3%와 같이 지속적으로 성장해 2026년까지 36조 원을 넘어설 것으로 전망된다.

또한 빅데이터는 금융, 헬스케어, 제조, 통신, 광고, 교육, 건설 등 다양한 산업분야에서 사용되고 있으며 향후 빅데이터 사용 산업 분야는 지속적으로 증가할 것으로 전망된다. 이에 세계 각국에서는 빅데이터를 위한 다양한 정책을 마련하고 있으며, 국내에서도 데이터 3법과 같은 데이터 활용 방안에 대한 정책을 제정하고 있다.

빅데이터는 또한 인공지능과 만났을 때, 더 큰 시너지를 낼 수 있다. 최근 인공지능이 빅데이터와 함께 사용되는 가장 큰 이유 중 하나는 빅데이터의 크기에 있다. 빅데이터 분석이 가능한 여력이 있는 기업들은 빅데이터를 이용해 정확한 예측과 서비스가 가능하지만, 중소기업 등은 대량의 데이터를 처리할 수 없어 빅데이터의 벽에 부딪히게 된다. 이때, 인공지능이 이러한 문제를 해결할 수 있는 키로 등장하면서 빅데이터 분석은 더욱 박차를 가하고 있다.

이처럼 빅데이터가 여러 산업에서 다양하게 사용되면서 개인정보보호법 또한 다양한 산업 분야에서 더욱 넓게 적용되고 있다. 2019년 '데이터 3법'이라 일컫는 「개인정보보호법」·「정보통신망법」·「신용정보법」이 개정되어 유사 중복규정이 개인정보보호법으로 통합되었으며, 분산되어 있던 개인정보보호 관련 조직도 개인정보보호위원회로 일원화되었다. 또한 빅데이터 분석과 이용에 대한 법적 근거가 마련되었으며 기업들의 책임성이 강화되었다는 점에서 데이터 경제의 3법이 우선 데이터 활용 관점에 방점을 두고 있다는 것을 의미한다. 개인정보의 개념 명확화, 가명 처리한 정보의 동의 없는 활용, 수집목적과 합리적으로 관련된 범위 내에서 동의 없는 활용, 가명정보 등의 전문기관을 통합 결합, 신용정보주체가 SNS에 공개한 정보의 동의 없는 이용 등이 그 사례이다. 다만 개인정보를 추가적으로 이용 혹은 제공할 수 있는 기준(compatible use)에 대해서 개정된 개인정보보호법은 몇 가지 추가적 개선사항이 있어 보인다.

반출된 데이터의 관리 측면에서, 2019년 네이처지의 문헌은 15개 정보만 있으면 미국인의 99.98%를 식별 가능하다고 한다. 완벽한 가명 조치는 불가능하다는 의미이다. 결국 가명 정보와 가명정보를 결합해서 더 큰 가명정보 혹은 개인식별정보가 되는 상황에서 어떻게 개인정보를 잘 보호하면서 잘 활용할 것인가는 여전히 모호한 측면이 있다. 향후 다양한 이종 데이터 간의 결합과 인공지능을 활용한 풍부한 분석을 통해 보다 정교하게 개인별로 맞춤형 서비스가 가능해질 것으로 보이는데, 현재 동의 기반의 개인정보보호법은 이번 개선을 통해 추가이용과 제공(compatible use)의 내용이 상당 부분 들어오게 되어서 앞으로 동의 없는 활용 혹은 동의 외에 적법 처리 근거 확보 등에 대한 논의를 통해 데이터의 추가이용과 제공의 공간이 보다 넓어지는 방향으로 나아가야 할 것이다.

또한, 현재 개개인의 정보제공 동의는 데이터의 가치가 얼마나 될지 모르는 상태에서 서비스를 이용할 목적으로 동의를 진행하게 된다. 이처럼 전체 가치를 모르므로 협상의 여지가 없이 주로 이용자 수가 가장 많은 서비스에 가입해서 결과적으로 데이터의 집합적 가치에 대한 '정보수집자의 무임승차'가 발생한다.

따라서, 정보주체의 개인정보보호 이외에 제공한 정보에 대한 재산권 보호가 없을 경우, 데이터 수집자의 무임승차에 대응할 수단이 거의 없게 된다. 이에 대해 시민사회단체들은 사업자가 개인정보를 가명 처리만 하면 목적 외로 폭넓게 활용하면서 경제적 이득을 독점하는 반면, 정작 정보를 제공한 정보주체의 권리를 전면 배제당하고 있다는 점을 지적하고 있다. 디지털 경제의 확대라는 차원에서 개인정보의 추가적 활용과 정보주체의 권리인정 간의 균형에 대해서는 심도 있는 논의와 합의가 필요할 것이다.[46]

46) 데이터 경제 활성화를 위한 이슈와 쟁점, SPRI

9. 참고문헌

1) 4차산업 핵심 '빅데이터'…미래 우리 삶은 어떻게 달라질까?, 데일리포스트
2) Tyler Bell, "Big Data : As opportunity in search of a metaphor", 한국정보화진흥원
3) 한국정보화진흥원
4) Chris Anderson , "The End of Theory: The Data Deluge Makes the Scientific Method Obsolete ", WIRED MAGAZINE : 16.07, 한국정보화진흥원
5) 데이터산업백서
6) 빅데이터 시대와 데이터 융합, 정보통신정책연구원
7) 빅데이터 시장, 글로벌 시장동향보고서, 연구개발특구진흥재단
8) "중국 빅데이터 시장 급성장…2025년 전 세계 3분의 1 차지", 연합뉴스
9) 2022년 데이터산업현황조사 결과보고서, 한국데이터산업진흥원
10) "국내 빅데이터 및 분석도구 시장 전년대비 11.1% 성장" 한국IDC, 넘버스
11) IDC "올해 빅데이터 시장 규모 2조7000억원…2027년까지 10%씩 성장", Byline Network
12) 2017년 빅데이터 시장현황 조사, 인사이트플러스
13) 2020 데이터산업 현황조사, 과학기술정보통신부
14) 대학병원 빅5 중 4곳이 MS 애저 사용 중, IT조선
15) MS, 클라우드 애저로 국내외 금융권 디지털 혁신 지원, 정보통신신문
16) 대구한의대, 한국마이크로소프트-㈜메디오피아테크와 양해각서 체결, 경북매일
17) [기획특집] '클라우드 기반 데이터 플랫폼'으로 쉽고 빠르게 데이터 분석, 컴퓨터월드
18) 오라클 클라우드, DB에서 분석으로 질주, ZDnet
19) 구글 "기후와 의료에도 AI 활용…협업으로 혁신 이뤄야", Byline Network
20) "불확실한 미래, 데이터와 AI가 성공의 열쇠", ZDnet
21) 한국IBM, 우주전파환경 경보시스템 고도화 위한 빅데이터용 스토리지 지원한다, HelloT,
22) IBM, '왓슨x.ai'·'왓슨x.데이터' 정식 출시, ZDNET Korea
23) 바이브컴퍼니 홈페이지
24) 바이브컴퍼니, 한국형 생성 AI 언어 모델 'VAIV GeM' 공개...보안 및 환각 이슈 해결!, 인공지능신문
25) 바이브컴퍼니, 네이버·KT와 중소·벤처기업에 초거대 AI 제공, FETV

26) 데이타솔루션, "국내 빅데이터 선도 기업으로 도약할 것", 조선비즈,
27) 데이타솔루션, VM웨어 2023 파트너 어워드서 '올해의 파트너 밸류' 수상, IT데일리
28) 엑셈, 네이버 지식백과
29) 소프트센, CJ올리브네트웍스와 '식품 검사용 엑스레이 사업 협력' 업무협약, 비즈니스플러스
30) 2022년 해외 데이터 관련 정책 및 법제도 현황 , DX. 타임즈
31) 2022 데이터산업 백서
32) 건설 빅데이터 시장 및 기술동향, Smart Construction Report
33) 데이터 경제 활성화를 위한 이슈와 쟁점, SPRI

초판 1쇄 인쇄 2017년 7월 7일
초판 1쇄 발행 2017년 7월 17일
개정판 1쇄 발행 2018년 12월 17일
개정2판 발행 2020년 8월 1일
개정3판 발행 2022년 1월 3일
개정4판 발행 2023년 9월 4일

편저 ㈜비피기술거래
펴낸곳 비티타임즈
발행자번호 959406
주소 전북 전주시 서신동 832번지 4층
대표전화 063 277 3557
팩스 063 277 3558
이메일 bpj3558@naver.com
ISBN 979-11-6345-470-0(93560)
가격 **66**,000원

이 도서의 국립중앙도서관 출판예정도서목록(CIP)은 서지정보유통지원시스템 홈페이지(http://seoji.nl.go.kr)와 국가자료공동목록시스템(http://www.nl.go.kr/kolisnet)에서 이용하실 수 있습니다.